Hintergründe Grundlagen Buchempfehlungen

Ulysses Voelker

read + play

Einführung in die Typografie

*

Innentitel

INHALTSÜBERSICHT

*

Die mit Stern gekennzeichneten Seiten beinhalten
Ergänzungen und Anmerkungen zu dem vorangegangenen Kapitel.

Zu Beginn möchte ich Ihnen kurz erläutern, warum ich dieses Buch geschrieben habe. Es begann damit, dass ich zu längeren Literaturverzeichnissen, wie sie für das Fachgebiet Typografie kursieren, schon immer ein zwiespältiges Verhältnis hatte.
Ich meine damit nicht die Bücher, die in solchen Listen empfohlen werden. Es ist die Ratlosigkeit, die Sie und viele angehende Gestalter[1] angesichts der langen Reihe dort aufgeführter Buchtitel und Links oft befällt: Welches Buch oder welcher Link ist wann und warum wichtig? In welcher Fachpublikation werden Sie Antworten auf akute Fragen finden können? Welche Aspekte und welche Diskussionen verbergen sich hinter Buchtiteln? Verlieren Sie sich in der Beschäftigung mit Details, deren Relevanz möglicherweise geringer ist, als Sie ahnen konnten? Die gängigen Literaturverzeichnisse geben – jedenfalls in dieser Hinsicht – nur unzureichend Auskunft. Als Professor für das Fach Typografie war ich der Ansicht, dass sich hier etwas ändern muss.

Das Ergebnis heißt read+play. Auch hier mangelt es nicht an Empfehlungen. Aber hier funktioniert die Wissensvermittlung genau andersherum. Denn an die Stelle eines Literaturverzeichnisses habe ich nun die als Übersicht gedachte Zusammenfassung des Fachgebiets treten lassen: read+play gliedert, beschreibt und kommentiert für Sie zunächst einmal alle relevanten Aspekte der Typografie. In komprimierter Weise. Die empfohlene Literatur dient Ihnen dazu, die vielen angesprochenen Aspekte zu vertiefen. Auf diese Weise wird read+play zum Navigator im Dschungel des Fachwissens.
Ein solcher Navigator ist auch deshalb wichtig, weil Typografie für angehende Gestalter zunächst ein Fach mit vielen Unbekannten ist. Während Zeichnungen, Illustrationen oder Fotografien zum selbstverständlichen Repertoire Ihrer Bewerbung an der Hochschule gehörten, sind Ihre Erfahrungen im Umgang mit Schrift meist gering. Und so liegt Ihr Augenmerk zunächst auf den Fächern, die eine Weiterentwicklung vorhandener Fähigkeiten versprechen. Schließlich waren diese auch verantwortlich für das Ergattern eines der begehrten Studienplätze.

1 Ich habe in diesem Buch darauf verzichtet, Begriffe und Bezeichnungen genderneutral zu formulieren, um den Lesefluss nicht zu stören. Selbstverständlich sind immer Sie als Leserin und Sie als Leser gleichermaßen angesprochen.

Die Relevanz des Faches Typografie wird im Verlauf des Studiums aber schnell deutlich. Es kristallisiert sich heraus, dass Typografie ein Kernfach der Visuellen Kommunikation ist. Denn Typografie bedeutet nichts anderes als den Umgang mit schriftgewordener Sprache, die unser tägliches Leben dominiert und eine der wichtigsten Informationsquellen darstellt. Ob als Buch, als Zeitschrift, als Teil eines Leitsystems, als Information im Internet, als Beipackzettel oder als Information auf Fahrplänen: Immer sind es Buchstaben, deren Kombination zu Wörtern und wiederum deren Organisation auf Flächen, die uns Inhalte übermitteln sollen. Diese Erkenntnis ist für den Laien leicht nachvollziehbar, ebenso wie jene, dass die Entwicklung und der Gebrauch von Schriftzeichen die menschliche Zivilisation überhaupt erst möglich machten. Angehenden Designern tut sich also ein Fach auf, dessen Relevanz sie bislang weitgehend unterschätzt hatten und dessen Inhalt unerwartet komplex erscheint. Denn alle Informationen über das Fach stehen in einem größeren Kontext: Die Geschichte der Typografie ist auch die Geschichte der Kommunikations- und Produktionsmethoden. Typografie war und ist immer ein Spiegelbild der jeweils herrschenden politischen und kulturellen Verhältnisse. Typografie ist bis heute schriftliche Kommunikation und Gestaltungsstil zugleich.

Aber ist es wirklich nötig, das Fach Typografie so umfänglich zu behandeln? Es könnte doch auch genügen, lediglich Regeln im Umgang mit Schrift und Layout kennen zu lernen. Um dies zu verstehen, sollte man sich Sprache und Typografie im Vergleich anschauen. Niemand wird ernsthaft behaupten, dass die Fähigkeit zu sprechen bereits bedeutet, rhetorisch geschult und inhaltlich fundiert diskutieren zu können. Abgesehen davon, dass man die gleiche Sprache wie sein Gegenüber sprechen muss, ist Erfahrung in der Kommunikation mit anderen notwendig, Einfühlungsvermögen, Beobachtungsgabe und natürlich eine themenbezogene Kompetenz. Alle genannten Eigenschaften – kombiniert mit kreativem Strategiepotential und gestalterischem Handwerksvermögen – sind auch Voraussetzungen für funktionierende Typografie. Von Ihnen als Kommunikationsdesigner werden also ganz unterschiedliche Rollen erwartet: Sie sind nicht nur die kreativen Übersetzer von Inhalten ins Visuelle, sondern auch Berater und Moderatoren, manchmal sogar Autoren und Herausgeber. Sie verknüpfen Disziplinen, machen Beziehungen sichtbar und reagieren flexibel auf alles Neue. Um diese Rollen zu erfüllen, werden Sie lernen Inhalte zu begreifen, zu strukturieren und als visuelle Information dann darstellen zu können. Studienanfängern ist die intellektuelle Herausforderung ihres künftigen Berufes häufig nicht bewusst. Aber auch Studenten in fortgeschrittenen Semestern verstehen das Studium oft als eine Schulung ihrer Talente, an dessen Ende vor allem die handwerkliche Fertigkeit steht. Jedoch: Ein Studium ist kurz, die Liste der zu erwerbenden Fähigkeiten ist in der Regel lang. Für die typografische Ausbildung stehen Bücher und Fachliteratur in alle Richtungen zur Verfügung. Die Auswahl macht es Ihnen nicht leicht: Manche Fachbücher wiederholen einander, andere vertreten überholte Ansichten, wieder andere reflektieren brandaktuelle Debatten. Es tummeln sich Exotenmeinungen und Standardwerke. Manches Buch hat einen wissenschaftlich/theoretischen Charakter, manches Buch zeigt einfach nur schöne Typografie. read+play hilft Ihnen, sich in diesem Meer der Informationen zu orientieren. Das vertiefende Studium soll fortgesetzt werden in der Fachliteratur, die hier empfohlen wird. Das Spektrum reicht von unverzichtbarer Lektüre bis zu interessanten Querverweisen in andere Disziplinen wie beispielsweise in die Kunst, in die Philosophie und in weitere Wissenschaftsgebiete.

read+play ist in drei Teile geteilt:
Teil A beleuchtet das Beziehungsgeflecht zwischen Typografie, Kommunikation und Gesellschaft. Teil B behandelt typografische Grundsatzfragen. Teil C berichtet über die Bedeutung von Zeichen, nimmt die visuelle Rhetorik ins Visier und bespricht bestimmte Aspekte der Typografie anhand von Abbildungen. Das Kapitel enthält darüber hinaus eine Übersicht aller Stichwörter sowie aller empfohlenen Bücher und Autoren-Namen. read+play erhebt keinen Anspruch auf Vollständigkeit. Sein Untertitel beschreibt, was das Buch ist: eine Einführung in das Fach Typografie.

Diese verkleinerte Beispielseite erklärt, wie das Buch funktioniert.

(02)
weiterführendes Fachbuch

Hier steht ggf. der Untertitel.

Hier steht der Autor.
An dieser Stelle stehen die Verlagsdaten, Erscheinungsort Jahr, Auflage Jahr, ISBN.
Sprache.

Hier folgt eine kurze Beschreibung des Buches.

(01)
Fachbuch

Hier steht ggf. der Untertitel.

Hier steht der Autor.
An dieser Stelle stehen die Verlagsdaten, Erscheinungsort Jahr, Auflage Jahr, ISBN.
Sprache.

Hier folgt eine kurze Beschreibung des Buches.

(03)
weitere Literatur, Link, Film

Hier steht ggf. der Untertitel.

Hier steht der Autor.
An dieser Stelle stehen die Verlagsdaten, Erscheinungsort Jahr, Auflage Jahr, ISBN.
Sprache.

Hier folgt eine kurze Beschreibung des Buches.

Hier stehen die Stichworte,
die auf dieser
Seite zu finden sind.

Hier steht ein Beispieltext, der die Funktionsweise des Layouts von read+play verdeutlichen soll. Es gibt keine »guten« oder »schlechten« Schriften, sondern immer nur passend oder nicht passend eingesetzte, vorausgesetzt, man bedient sich am Markt professionell gemachter Schriften.[1] Wer sich bei entsprechenden Schriftvertreibern umschaut, kann zum Beispiel in der Kategorie Displayschriften guten Gewissens viele von ihnen hässlich, missraten oder verunglückt (oder witzig, schräg und originell) finden. Das ist Geschmackssache (01), solange diese Schriften dort eingesetzt werden, wo sie nach Ansicht ihrer Entwerfer hingehören (Display). Verirren sich diese Schriften in den Bereich der Satzschriften (wo die Skala ebenfalls von hässlich bis originell reicht), ergeht es ihnen wie Satzschriften, die als Displayschriften eingesetzt werden – sie funktionieren an ihren neuen Bestimmungsorten nicht. Die Unterscheidung zwischen Displayschriften und Satzschriften ist auch deshalb wichtig, weil die Gestaltung von größeren Textmengen eine ganz besondere Sorgfalt erfordert. In puncto Lesekomfort sind die meisten Menschen nämlich konservativ. Jede Störung (uneindeutige Buchstabenformen, Flecken, Löcher oder Verklumpungen im Schriftbild) wird registriert und kann als Ärgernis empfunden werden (02). Aber ob es sich nun um den Einsatz im Display- oder im Satzbereich handelt: In jedem Fall sollte eine Schrift zu dem Inhalt passen, den sie visualisieren soll (03). So einfach sich diese Empfehlung anhört, so schwierig ist die Gratwanderung zwischen einer klischeehaften und einer differenzierten Umsetzung. Der wichtigste Ratschlag für angehende Gestalter ist vielleicht der, dass sie nicht dem Irrtum erliegen sollten, mit der Wahl einer für den Inhalt naheliegenden Schrift den Gestaltungsauftrag bereits gelöst zu haben. In den seltensten Fällen können Schriften, die eine offensichtliche (und daher oft triviale) Botschaft transportieren, eine subtile und damit nachhaltige Wirkung erzielen. Das am Ende dieses Satzes stehende Quadrat markiert ein Bild □. Der Name eines Friseurs in Schreibschrift oder der Schriftzug eines Bestattungsunternehmens in der Fraktur bedienen Klischees, die auf den ersten Blick treffend sein mögen, letztendlich aber dem Niveau eines Liebesromans ähneln, in dem es um den Frauenarzt geht, dem die Frauen vertrauen, oder um den Förster, dem die junge Bäuerin ihr Herz schenkt. Man kann dieser Aussage durchaus widersprechen.

* Anmerkung zu den markierten Zeilen, zu finden auf einer Doppelseite hinter dem Kapitel.
> S.XX

□ S. XXX

Warum sollen Friseure ein differenziert gestaltetes Erscheinungsbild bekommen, wenn die klischeehafte Darstellung ihren Charakter doch bereits trifft? Die Antwort lautet: weil dann alle Friseure das gleiche Erscheinungsbild hätten und sich nur im Namen unterschieden. Wie eingangs erwähnt, ist es aber die Aufgabe visueller Kommunikation, Inhalte gestalterisch zu differenzieren. Das Aufbrechen von Klischees ist umso wichtiger, als die industrielle Typisierung unseres Alltags ein visuelles Klima der Austauschbarkeit erzeugt.

1 Erste Quellenangabe auf dieser Seite.

ÜBERSICHT A

A

Typografie von Weitem.

B

Typografie von Nahem.

C

Um Typografie herum.

*

Anmerkungen zu A
A1 > S.24; **A2** > S.44; **A3** > S.66; **A4** > S.82

A

(01) **typographie**

(02) **Die Druckerpresse Kulturrevolutionen im frühen modernen Europa**

(03) **Gutenberg Aventur und Kunst**

(04) **Typographie Ein Gestaltungslehrbuch**

(05) **Schriften erkennen Eine Typologie der Satzschriften für Studenten, Grafiker, Setzer und alle PC-User**

(06) **Wörterbuch Design: Begriffliche Perspektiven des Design**

(07) **postscript Zur Form von Schriften heute**

(08) **Wolfgang Weingart: Typography – Wege zur Typografie: My Way to Typography**

(09) **decodeunicode**

Geschichte der Schrift
Capitalis Monumentalis
Gebrauchsschrift
Halbunziale
Unziale
karolingische Minuskel
gotische Minuskel
humanistische Minuskel

Renaissance
Johannes Gutenberg
Buchdruck
bewegliche Bleilettern
handgeschriebener Duktus
gebrochene Schriften
Antiqua-Schriften
Gebrauch und Repräsentanz
Bleisatzverfahren
Industrialisierung
Werbung
Grotesk-Schriften
Gothic-Schriften
Egyptienne-Schriften
Fotosatzverfahren

Offsetdruckverfahren
Staromat
Popkultur
Paradigmenwechsel
Wolfgang Weingart
Schweizer Typografie
Desktop-Publishing
Personal Computer
veränderte Seh- und Lesegewohnheiten

Einfluss des Internets
Interaction Design
Interface Design
Partizipation
Wissensbeschaffung
Responsive Typography
Rezeptionsbedürfnisse
digitale Revolution
gesellschaftliche und soziale Umbrüche

1

Typografie ist evolutionär.

Die Wiege von A bis Z –– Der Unterschied zwischen Gebrauch und Gebärde –– Irrende Humanisten –– Bleigießen in Mainz –– Handschrift im Druck –– Immer wieder Vorbild: die Antike –– Die Industrialisierung: ohne Füße, also grotesk –– Dann geht es schnell: Bleisatz ade, Fotosatz ahoi –– Fotosatz ade, Digitalsatz ahoi –– Wenn die Freiheit grenzenlos wird: »Responsive Typography«.

(01) typographie

Otl Aicher
Verlag Ernst & Sohn, Berlin, 1. Auflage 1988, ISBN 978-3-433-02090-6. In deutscher und englischer Sprache. Vergriffen. Die Neuauflage ist ein Reprint mit einem Beitrag von Josef Rommen und einer Biografie von Florian Pfeffer. Verlag Hermann Schmidt Mainz 2005, ISBN 978-3-87439-683-7. In deutscher und englischer Sprache.

Das Standardwerk eines der einflussreichsten Gestalter Deutschlands zur Typografie, das in seiner Bandbreite von der Schriftgeschichte über Themen wie Visuelle Rhetorik oder Lesbarkeit bis zu philosophischen und politischen Betrachtungen reicht.

* Unzählige Schriftsysteme
> S.24

Schriftliches zu verfassen war der erste große zivilisatorische Schritt der Menschheit: Jetzt konnten Städte und Gemeinwesen entstehen, Ernten beziffert und Jahre gezählt werden. Die Geschichte der Zivilisation ist daher auch die Geschichte der Schrift. Unzählige Schriftsysteme entstanden weltweit – vom chinesischen Wortsystem, den ägyptischen Hieroglyphen bis hin zum lateinischen Alphabet, das im Zentrum der Betrachtungen stehen soll.

Unser heutiges Schriftsystem hat seinen Ursprung in den phönizischen Schriftzeichen. An seiner Entwicklung über die Jahrhunderte lässt sich die Verwandlung von abbildhaften Zeichen (Piktogrammen) über abstrakte Zeichen (Grapheme) hin zu unseren heutigen Buchstaben beobachten. **(01)** Um 900 v. Chr. wurde die auf Konsonanten basierende phönizische Schrift von den Griechen übernommen und durch Vokale ergänzt. Es entstand eine geometrisch orientierte Schrift aus Großbuchstaben. Die Römer adaptierten und vervollkommneten die griechische Monumentalschrift und schufen um 100 v. Chr. die gemeißelte □ S.135 *Capitalis Monumentalis* □ (ein ebenfalls nur aus Großbuchstaben bestehendes Alphabet). Die *Capitalis* war wie ihr griechisches Vorbild eine wenig praxistaugliche Schrift, denn man konnte sie nur zeichnen (oder eben meißeln), auf Grund ihrer geometrischen Statik aber nur schlecht flüssig schreiben. Die Buchstabenformen dieser Repräsentationsschrift bildeten jedoch die grafische Grundlage für die Schrift, die die schriftliche Kommunikation im Alltag dominierte. Die Schreibwerkzeuge, das Material, auf dem geschrieben wurde und die Geschwindigkeit, in der man schreiben wollte und lesen sollte, kurzum, der Gebrauch nahm wesentlichen Einfluss auf die Form der Buchstaben. Die Entwicklung einer solchen Gebrauchsschrift verlief von der □ S.135 *Unzialen* □ (einer handschriftlichen Interpretation der *Capitalis*) über die □ S.135 *Halbunziale* □ (mit stark betonten Ober- und Unterlängen) bis hin zu den Proportionen der dreistöckigen Buchstaben, wie wir sie heute kennen, mit ihren typischen Ober-, Mittel- und Unterlängen. Während der Regentschaft Karls des Großen (ca. 800 n. Chr.) erhielten sie als □ S.135 *karolingische Minuskeln* □ ihre im Prinzip bis heute gültige Form. Bis zum 15. Jahrhundert war die □ S.135 *gotische Minuskel* □, die aus der *karolingischen Minuskel* hervorgegangen war, die vorherrschende Buchschrift in Europa. Im deutschsprachigen Raum dominierte vor allem in liturgischen Texten die strenge *gotische Textura*, während sich in Südeuropa die weichere *Rotunda* behauptete. Die im 14. Jahrhundert einsetzende Renaissance beeinflusste die weitere Schriftentwicklung dann nachhaltig. Denn in Norditalien setzte sich eine Schriftvariante durch, die von der Ästhetik der *gotischen Minuskel* abwich: die humanistische Minuskel. Sie verdankte ihre Besonderheiten einem Kunstgriff der Humanisten. In ihren Bemühungen, den Geist der Antike wiederzubeleben, entdeckten sie die römische *Capitalis* neu und ordneten sie dem Alphabet der *spätkarolingischen Minuskeln* zu, die sie fälschlicherweise für die Schreibschrift der Römer des Altertums hielten. Aus der *Monumentalschrift* der Antike und der Schreibschrift der Mönche schufen sie ein neues Alphabet, das die Grundlage unserer Schrift bildet.

(02)
Die Druckerpresse

Kulturrevolutionen im frühen Europa

Elisabeth L. Eisenstein
Verlag Springer, Wien 1997,
ISBN 978-3-211-82848-9

Das Buch analysiert politische, geistige, soziale und kommunikative Konsequenzen sowie die revolutionären Auswirkungen der Druckerpresse auf die Renaissance, die Reformation und die neuzeitlichen Wissenschaften. Basiswerk zum Verständnis der typografischen Anfänge.

(03)
Gutenberg Aventur und Kunst

Stadt Mainz (Hrsg.)
Verlag Hermann Schmidt Mainz 2000,
ISBN 978-3-87439-507-6

Umfangreiches Katalogbuch, herausgegeben anlässlich des 600. Geburtstages von Johannes Gutenberg. Sehr ausführliches, mit vielen Abbildungen versehenes Werk über die frühe Druckkunst und ihren kunstgeschichtlichen Kontext.

(04)
Typographie

Ein Gestaltungslehrbuch.

Emil Ruder
Verlag Niggli, Sulgen, 6. Auflage 1996,
ISBN 978-3-7212-0043-0. Neuauflage der Originalausgabe von 1967. In deutscher, englischer und französischer Sprache.

Die klassische Einführung in das Fach aus Sicht des berühmten Schweizer Lehrers. Mit vielen Beispielen, wie Typografie funktioniert (Form und Gegenform, grafische Grundelemente, optische Gesetzmäßigkeiten, Proportionen, Rhythmus).

Es scheint kein Zufall, dass in jene schöpferische Zeit der Renaissance (02) auch eine epochale Entwicklung fiel: Um 1450 erfand Johannes Gutenberg in Mainz den Buchdruck mit beweglichen Bleilettern □ (03). Bis dahin waren schriftliche Aufzeichnungen Unikate gewesen. Wenn Kopien benötigt wurden, schrieb man vom Original ab. Die Erfindung der beweglichen Lettern revolutionierte die Kommunikation und leitete eine »Demokratisierung des Wissens« ein, da der Auflagendruck in den folgenden Jahrhunderten immer mehr Menschen den Zugang zu Informationen ermöglichen sollte.

□ S. 138

* Imitation handgeschriebener Texte
> S. 24

Johannes Gutenberg nahm die in seiner Heimat dominierende *gotische Minuskel* zum Vorbild für seine Bleilettern. Diese orientierten sich stark am handgeschriebenen Duktus der Mönche und versuchten zunächst, ihre technische Herkunft zu verschleiern: So sind in der gedruckten Version der *gotischen Textura* noch viele Varianten einzelner Buchstaben und Ligaturen □ (Zusammenschlüsse von Buchstaben) zu finden, die nicht nur für einen ausgeglichenen Blocksatz benötigt wurden, sondern vor allem den Eindruck handschriftlicher Individualität vermitteln sollten. Zu Beginn der Schriftentwicklung beweglicher Bleilettern galt die Annäherung an die Handschrift als Maxime – ein schwieriges Vorhaben, denn die sich wiederholenden Typen bildeten letzten Endes nur eine starre Imitation handgeschriebener Texte. In der Tradition der *gotischen Minuskel* □ entstanden so genannte gebrochene Schriften wie die *Schwabacher* □ (15. Jahrhundert) und die facettenreichere *Fraktur* □ (16. Jahrhundert). Letztere war im deutschsprachigen Raum und in Nordeuropa bis in die Anfangsjahrzehnte des 20. Jahrhunderts eine der gebräuchlichsten Schriften, bis sie 1941 von den Nazis verboten wurde (siehe auch Kapitel A2).

□ S. 137
□ S. 135
□ S. 142

Die *humanistische Minuskel* des beginnenden 15. Jahrhunderts wiederum war vor allem in den romanischen Ländern gebräuchlich. Sie begründete einen Schriftduktus, der sich Antiqua nannte und der – im Gegensatz zu Gutenbergs gotisch orientierten Bleilettern – eine neue Ästhetik im Bereich der Druckschriften etablierte. Die einzelnen Buchstaben verschleierten nicht ihre gleichbleibende Form und verzichteten weitgehend auf einander berührende Anschlüsse. Durch das optische Bekenntnis zum ordnenden Prinzip des Bleisatzes strahlte das Schriftbild die Distanz und Sachlichkeit aus, die dem individuellen Anstrich der Handschrift (und den ihr nachempfundenen Bleisatzschriften) fehlte (04). Sowohl bei der *venezianischen* als auch bei der *französischen Renaissance-Antiqua* war der Einfluss des Schreibwerkzeugs auf die Form der einzelnen Buchstaben dennoch sichtbar. Im Laufe der Zeit entfernte sich der Schriftentwurf für die Bleilettern dann zunehmend von dem Vorbild einer mit der Breitfeder geschriebenen Schrift. Die *Barock-Antiqua* (entstanden im 16. Jahrhundert) wirkte einfacher und robuster, die *klassizistische Antiqua* des 18. Jahrhunderts hatte den »handschriftlichen« Duktus fast völlig verloren. Im Zeitalter des *Klassizismus* schien sich ein Kreis zu schließen: Die Druckschriften erhielten jenen repräsentativen Charakter, den bereits ihr Vorbild, die *Capitalis Monumentalis* □ der Antike, auszeichnete. Mit Folgen, denn das statische, kontrastreiche Schriftbild konnte in puncto Lesbarkeit dem Vergleich mit seinen Vorgängern nicht standhalten.

□ S. 135

(05) Schriften erkennen

Eine Typologie der Satzschriften für studierende Grafikdesigner, Mediengestalter und andere Typografie-Interessierte.

Daniel Sauthoff, Gilmar Wendt,
Hans Peter Willberg
Verlag Hermann Schmidt Mainz, 12. Auflage
2013, ISBN 978-3-87439-373-7

Seit 20 Jahren das Einsteigerbuch in die Geheimnisse von Schriftdetails. Es erklärt, in welche Kategorien Schriften eingeteilt werden und was ihre Besonderheiten ausmacht. Allerdings fehlen die neuen Schriften des 21. Jahrhunderts.

(06) Wörterbuch Design

Begriffliche Perspektiven des Design.

Michael Erlhoff, Tim Marschall (Hrsg.)
Birkhäuser Verlag, Basel 2008,
ISBN 978-3-7643-7738-0

Begriffliche Grundlagen zum Design von A–Z. Kurze und prägnante Abhandlungen, geschrieben von internationalen Fachleuten. Gut geeignet für eine erste Orientierung.

Die Entwicklung der Schriften war über die Jahrhunderte hinweg stets zwei Einflüssen unterworfen: Einerseits wurden sie geprägt durch die Anforderungen des alltäglichen Gebrauchs, andererseits galten sie in allen Epochen als Ausdruck staatlicher sowie klerikaler Macht und Repräsentanz. Die in der Renaissance, im Barock und im Klassizismus entwickelten Schriften sind größtenteils heute noch in Gebrauch. Ihre Merkmale sind nach wie vor Grundlage vieler Schriftentwürfe. Sie zu kennen, gehört zum gestalterischen Einmaleins (05).

* Ein unzureichendes Schriftangebot > S.24

* Typologie von Schriften > S.24

Die Stil-Epochen wechselten, das Bleisatzverfahren hatte jedoch bis in die 60er-Jahre des 20. Jahrhunderts nahezu unverändert Bestand. Daran änderten auch die gesellschaftlichen, wirtschaftlichen und technischen Entwicklungen des ausgehenden 19. Jahrhunderts nichts, die im Zuge der Industrialisierung die Schriftentwicklung beeinflussten: Denn mit der industriellen Fertigung gab es plötzlich konkurrierende Produkte, die am Markt bestehen sollten. Folglich mussten diese beworben werden. Werbung aber musste laut, platzsparend, ins Auge fallend sein. Hierfür reichte das bisherige Schriftangebot nicht aus. Hinzu kamen die Fortschritte auf dem Gebiet der Drucktechnik: Dampfbetriebene Druckpressen konnten große Auflagen in geringer Zeit drucken – allerdings oft ohne Rücksicht auf Verluste hinsichtlich der feinen Serifen klassizistischer Schriften. Als logische Folge der inhaltlichen wie technischen Entwicklungen entstanden *Grotesk-Schriften* (in Amerika *Gothic-Schriften* genannt), die ihren Namen ihrem damals ungewohnten Aussehen verdankten: Sie hatten keine Serifen. Parallel entstanden so genannte *Egyptienne-Schriften*, deren Buchstaben wiederum besonders robuste Serifen besaßen (06).

□ S.138

* Der Bleisatz – eine Materialschlacht > S.24

□ S.139

Wenn auch das von Gutenberg entwickelte Prinzip der beweglichen Bleilettern □ sich nicht veränderte, gab es doch gegen Ende des 19. und zu Beginn des 20. Jahrhunderts kontinuierliche Weiterentwicklungen der Technik. Auf die Erfindung einer Gießmaschine, die es erlaubte, Bleilettern im industriellen Maßstab zu erzeugen (auch diese mussten allerdings noch von Hand gesetzt werden), folgte die maschinelle Satzherstellung, die eine gewaltige Steigerung der Setzgeschwindigkeit ermöglichte. In den 60er-Jahren des 20. Jahrhunderts zeichnete sich das Ende des Bleisatzes und des mit ihm verbundenen Hochdruckverfahrens ab. Druckformen wurden im Bleisatz noch »gebaut«, indem Zeile für Zeile (Linotype) oder Buchstabe für Buchstabe (Monotype) mechanisch gesetzt wurden. Freiflächen mussten mit Blindmaterial angelegt werden. Die technischen Bedingungen ließen Satzfiguren in anderen Winkeln als 90 Grad nur unter erheblichen Schwierigkeiten zu. Die verschiedenen Schriftgrößen mussten als Lettern unterschiedlicher Schriftgrade vorrätig gehalten werden. Dies änderte sich mit dem Fotosatzverfahren □, das sich, beginnend in den 50er-Jahren, technisch in immer größerem Tempo entwickelte. Schriften konnten jetzt, ausgehend von einem Fotonegativ, über eine Optik vergrößert oder verkleinert werden. Das sparte in den Setzereien Platz und vor allem Geld. Die durch die neue Technik billiger gewordenen Schriften erlaubten wiederum die Anschaffung eines größeren Sortiments.

(07)
postscript

Zur Form von Schriften heute

Martina Fineder, Eva Kraus, Andreas Pawlik
Verlag Hatje Cantz, Ostfildern 2004,
ISBN 978-37757-1415-0

Das Buch beschreibt die Veränderungen der Produktions- und Gestaltungsbedingungen in der Typografie von den 60er-Jahren bis heute. Guter Einblick in die jeweiligen Produktionstechniken (Bleisatz, Fotosatz, Digitalsatz).

(08)
Weingart: Typography

Wege zur Typografie: My Way to Typography.

Wolfgang Weingart
Lars Müller Publishers, Baden 2000,
ISBN 978-3-907044-86-5. In deutscher und englischer Sprache.

Umfangreiches Kompendium seiner Arbeiten von den 60ern bis in die 90er-Jahre. Eine sehr persönliche Schilderung des Werdegangs und der Einflüsse, die seine Typografie und Collagen prägten.

Die auf Film belichteten Texte wurden dem gewünschten Layout entsprechend auf Klarsichtfolie montiert. Von diesen Montagen kopierte man die Offsetplatten. Der rechte Winkel, der im Bleisatz technikbedingt dominiert hatte, spielte nun keine einschränkende Rolle mehr. Zudem konnte man nun die Laufweite einer Schrift stark unterschneiden – einander berührende Buchstaben wurden zum häufig gesehenen Stilmittel jener Zeit. Das mit dem Fotosatz eingeführte Offsetdruckverfahren löste den Hochdruck ab **(07)**. Die gestalterischen Möglichkeiten des neuen Verfahrens (vor allem im Headlinesatz mit Geräten wie dem Staromat) begannen die visuellen Medien zu verändern. Sie begleiteten den Aufbruch, der auch in anderen kulturellen Bereichen wie der bildenden Kunst, der Musik und der Literatur in den 60er- und 70er-Jahren unter dem Stichwort Popkultur zu verzeichnen war. Der Fotosatz stellte in technischer Hinsicht einen Paradigmenwechsel dar, die gestalterischen Folgen waren im Alltag mal mehr, mal weniger spektakulär. Wo allerdings mit Fotosatz experimentiert wurde, zeigte sich das ganze Spektrum dessen, was im Vergleich zum Bleisatz möglich war. Das lässt sich an den Arbeiten des Gestalters und Lehrers Wolfgang Weingart veranschaulichen, der in den 60er-Jahren mit seinen gestalterischen Experimenten die bleisatztradierten Auffassungen der Schweizer Typografie attackierte **(08)**. Das Fotosatzverfahren □ S. 139 eröffnete gestalterische Freiheiten, die aber ohne eine Reihe unterstützender handwerklicher Berufe nicht hätten umgesetzt werden können: Es waren Setzer, Reprofotografen, Lithografen und Reinzeichner, die der gestalterischen Idee zum Druck verhalfen. Eine weitere technische Revolution veränderte dies radikal: die Erfindung des DTP, des Desktop-Publishing Mitte der 80er-Jahre und die zeitgleiche Entwicklung der Post-Script-Sprache. Die Einführung erschwinglicher Personal Computer (von Anfang an spielte der Apple Macintosh die maßgebliche Rolle im Gestaltungsbereich) ließ nicht nur die erwähnten Berufe verschwinden, technisch und formal entgrenzten sie die Designdisziplin, mit allen positiven wie negativen Folgen. Denn gestalten konnte nun jeder, der sich einen Computer und die dazugehörigen Programme □ S. 141 leisten wollte. Die mit den neuen gestalterischen Möglichkeiten einhergehende Medienvielfalt schuf die notwendigen Plattformen für alle Arten visueller Meinungsäußerung. Für das Berufsbild hatte die neue Freiheit Folgen: Designer müssen seitdem Setzer, Lithografen und Reinzeichner in einem sein. Und das, obwohl ihr Kerngeschäft ein anderes ist: nämlich Konzepte zu erdenken, Entwürfe zu entwickeln und diese zu kommunizieren. Die Möglichkeiten des Computers zeigten sich im Hinblick auf Schriften als Segen und Fluch gleichermaßen: In den letzten 20 Jahren entstand eine Vielzahl hervorragender Schriftfamilien und -sippen.
Die meisten wurden in Vorstufen zunächst gezeichnet, dann jedoch mit speziellen Entwurfsprogrammen am Computer in ihre endgültige Form gebracht. Die vergleichsweise unkomplizierte Bedienung dieser Programme gebar andererseits auch viele Schriften von fragwürdiger Qualität, die den Markt überschwemmen (mehr dazu in Kapitel B2).
Die in den 90er-Jahren dominierende gestalterische Sichtweise stellte viele der traditionellen Regeln in Frage. Sie veränderte die Seh- und Lesegewohnheiten, wenn sie auch an den tradierten Positionen der Typografie nie wirklich rütteln konnte.

Fachbuch | weiterführendes Fachbuch | weitere Literatur, Link, Film

Um die Jahrtausendwende ebbte die technikbedingte Begeisterung für die scheinbar grenzenlosen typografischen Ausdrucksmöglichkeiten langsam ab. Eine weitere einschneidende Entwicklung war zunächst weniger eine gestalterische als eine medienspezifische: das Internet. Es erweiterte das lineare um ein vernetztes Denken und Handeln. Hatte die erste Nutzergeneration den Computer noch überwiegend als Werkzeug gebraucht, um Printmedien herzustellen (und damit lineare Strukturen bedient: das Wort, die Zeile, die Seite, das Buch etc.), schöpften ihre Nachfolger die neuen Möglichkeiten der digitalen Datenverarbeitung und -vernetzung aus. Interaction Design und Interface Design sind nur zwei Disziplinen von vielen, die beitragen sollen zur Organisation und Vermittlung eines unendlich scheinenden digitalen Wissensangebots. Die neuen Möglichkeiten generierten neue Verhaltensweisen: Kollaboratives Arbeiten und die Partizipation an Projekten aller Art lösten dank Internet die Grenzen des individuellen Handelns auf. Das kollektive Interagieren demokratisiert ohne Zweifel den Austausch von Wissen und das Äußern von Meinungen – wirft aber auch neue Fragen auf, was die Qualität von Beiträgen und das Vertrauen in Wissensquellen betrifft. Es war nur folgerichtig, dass sich die Veränderungen der Wissensbeschaffung und der Kommunikation auf die Typografie auszuwirken begannen. Es waren diese gewachsenen technischen Möglichkeiten, die den Begriff der »Responsive Typography« haben entstehen lassen. Der Begriff bezieht sich auf die Notwendigkeit, das Layout ein und desselben Inhalts an verschiedene Formate und Oberflächen anzupassen, etwa an Lesegeräte, iPads und Smartphones. Die Möglichkeiten im Interaction Design beziehen den Benutzer zudem immer häufiger ein, weil sie ihm Entscheidungen ermöglichen (oder abverlangen), die für ihn kein Designer mehr trifft (der Leser kann zum Beispiel Schriftart und -größe sowie Satzart selbst wählen). Die Technik setzt die Grenzen, innerhalb derer gestalterische Möglichkeiten angeboten werden müssen. Da die Gruppe der Benutzer aber eine amorphe Masse ist, der kein einheitliches Nutzerverhalten unterstellt werden kann, müssen Typografen die verschiedenen Rezeptionsbedürfnisse vorauskalkulieren und bereitstellen, und zwar immer wieder neu, sobald eine technische Weiterentwicklung oder ein zusätzliches Medium danach verlangen. Mehr denn je müssen Nutzerverhalten, technische Anforderungen und die typografische Arbeit aufeinander abgestimmt werden (daher »responsive typography«) – und das in dem rasanten Tempo, das der Entwicklerbranche zu eigen ist. Wie sich zeigt, hat die digitale Revolution Auswirkungen auf alle Bereiche des menschlichen Lebens bis hin zu den kleinsten Details der visuellen Kommunikation – dem Umgang mit Buchstaben.

* Individuelles Handeln und Qualität
> S.24

* Responsive Typography
> S.25

Die mit dieser Revolution einhergehenden gesellschaftlichen und sozialen Umbrüche sind in ihrer Gesamtheit noch kaum abzusehen. Aber man kann jetzt schon konstatieren, dass die Entwicklung in ihrer Bedeutung mit der Erfindung des Buchdrucks verglichen werden kann.

<S. 15 Unzählige Schriftsysteme

Informationen über die Schriftsysteme dieser Welt, alle ihre Glyphen sowie eine Einführung in die Semiotik findet man in dem Buch »Decodeunicode: Die Schriftzeichen der Welt« von Johannes Bergerhausen, erschienen beim Verlag Hermann Schmidt (09). Nützlich und informativ ist auch die Website: www.decodeunicode.org

<S. 17 Imitation handgeschriebener Texte

Experten beurteilen dies unterschiedlich: Der Schweizer Typograf und Lehrer Emil Ruder (1914–1970) sah in der Imitation der Handschrift durch den Bleisatz ein formales Rückzugsgefecht (siehe Buch 4). Der deutsche Typograf und ehemalige Professor an der FH Mainz, Hans Peter Willberg (1930–2003) wiederum sah in der Ausgeglichenheit des Gutenberg'schen Blocksatzes eine herausragende »Satzart, die es in der Qualität nicht mehr gibt« (siehe Buch 79).

<S. 19 Ein unzureichendes Schriftangebot

Für große Schrifttypen z.B. auf Plakaten standen Bleilettern nicht zur Verfügung. Man verwendete daher Holzlettern, die kostengünstig (und von 1834 an maschinell) herzustellen waren. Die typischen Schriftmischungen der frühen Werbeplakate hatten ihren Ursprung in der schlichten Tatsache, dass oft in der gleichen Type oder Größe nicht mehr alle Buchstaben vorrätig waren.

<S. 19 Typologie von Schriften

Bei der Typologie von Schriften gibt es immer wieder Missverständnisse, da verschiedene Namen für denselben Schriftcharakter benutzt werden. Es empfiehlt sich daher, auf das Buch »Wegweiser Schrift« von Hans Peter Willberg zurückzugreifen. Willberg systematisierte die Namensgebung. So führte er beispielsweise den Begriff der »serifenlosen Linear-Antiqua« ein, um damit die Grotesk-Schriften zu bezeichnen und zu klassifizieren. Die »serifenlose Linear-Antiqua« verdankt ihren Namen ihrer Entwicklungsgeschichte: Englische Eisengießer verwendeten Bandeisen, um ihre Herstellernamen an Brücken und Gebäuden zu platzieren. Der Einfachheit halber entstanden Buchstaben ohne Serifen und somit die Urformen späterer Grotesk-Schriften. Für Schriften, die häufig als »Egyptienne« oder als »Slab Serif« bezeichnet werden, fand er den Begriff der »serifenbetonten Linear-Antiqua«. Die Einführung des neuen Namens war hilfreich, da er auf nachvollziehbare Weise die Besonderheit der Buchstabenformen aufgreift.

Ein Begriff wie »Egyptienne« wäre aus heutiger Sicht ohnehin nicht mehr nachvollziehbar: Entstanden war der Name in den ersten Jahrzehnten des 19. Jahrhunderts, als die allgemeine Ägypten-Begeisterung die Wahl des Namens aus marketingtechnischen Gründen opportun erscheinen ließ.

<S. 19 Der Bleisatz – eine Materialschlacht

Der Bleisatz war – rückblickend betrachtet – eine Materialschlacht: Für jede Schriftgröße einer Schrift mussten jeweils alle Buchstaben des Alphabets entsprechend ihrer Häufigkeit in der Sprache vielfach vorgehalten werden. Der Aufbewahrungskasten einer Schrift wog schnell mal 40kg. Und trotzdem kam es oft vor, dass einzelne Typen »ausgingen«, weil beispielsweise dreimal das versale »Ü« gebraucht wurde.

<S. 23 Individuelles Handeln und Qualität

Um zu verdeutlichen, was gute typografische Qualität ausmacht, sei hier ein unspektakuläres Beispiel aus dem gestalterischen Alltag vorgestellt – wie er bisher im besten Fall Usus war. Es geht um die legendären Reclam-Hefte der Reclam Universal Bibliothek. Ihren Erfolg verdanken sie – stark verkürzt – der genialen Idee, ein Produkt für alle zu sein, klein und günstig und dazu ambitioniert in der Auswahl der Autoren. Der 2012 anlässlich des Re-Designs der Hefte herausgegebene Band »Die Welt in Gelb« erzählt von der Gestaltung, beginnend 1867 bis heute. Über all die Jahrzehnte gab es wenige gestalterische Runderneuerungen, der Zeitgeist blieb meist nur Zuschauer. Und dennoch war die Typografie stets mit großer Expertise am Werk. In »Die Welt in Gelb« ist dargestellt, was Typografie abseits des Zeitgeistes ausmacht. Dazu hier ein Zitat aus dem Text von Friedrich Forssman, dem für das Re-Design verantwortlichen Typografen: »(…) Zum ersten Mal seit der Umstellung auf Antiqua wurde die UB-Innentypografie ganz neu angelegt, zum ersten Mal überhaupt im Sinne eines modernen »Durchgestaltens« ohne konzeptionellen Bruch zwischen Außen und Innen. Die Schrift ist die »Documenta« des Niederländers Frank E. Blokland, eine der schönsten neueren Satzschriften, die besonders gut lesbar ist und sich durch eine hervorragende Zeilenbildung auszeichnet. Darüber hinaus wurde die Textmenge pro Seite gegenüber den bisherigen UB-Serien etwas verringert. Haupttitel und Überschriften stehen linksbündig, der lebende Kolumnentitel steht am Fuß, was im kleinen Format bessere Satzspiegelproportionen ermöglicht und vermeidet, dass Zwischenüberschriften einander ins Gehege kommen. (…)«
(siehe auch B1 > S. 93)

<S. 23

Responsive Typography

Folgt man der Ansicht des Designers und Bloggers Oliver Reichenstein (http://ia.net/), dann ändert sich die gestalterische Arbeit mit der »Responsive Typography« nachhaltig. Nicht mehr das bestmögliche Layout hinsichtlich typografischer Qualitätsmerkmale ist das Ziel, sondern der bestmögliche Kompromiss zwischen typografischer Qualität und technischer Machbarkeit. Gestalter sind nicht mehr verantwortlich für das Endprodukt, wie es bisher der Fall war, wenn die gestalterische Arbeit vollendet und für die Produktion freigegeben worden war. Stattdessen müssen sie auf dem Spielfeld technisch limitierter Möglichkeiten nach Kompromissen suchen. Motto: möglichst wenige typografische Grausamkeiten zuzulassen. Das klingt logisch: Ein »Liquid Layout« ist eine Art »eierlegende Wollmilchsau« – soll es doch den Normierungen verschiedener Medien (Computer, Tablets, Smartphones) Rechnung tragen und dazu robust genug sein, laienhafte Darstellungswünsche der »User« auszuhalten. Dennoch sollte man die Entwicklung nicht zu dramatisch sehen: Die Rasanz technischer Optimierungen ist ungebrochen, die Qualität der typografischen Darstellungen auf den verschiedenen Screens steigt und die Wahlmöglichkeiten für die Benutzer bieten ein zunehmend höheres Niveau.

Einschneidend sind die Auswirkungen der »Responsive Typography« vor allem für den Alltag typografischen Arbeitens. Denn diese Arbeit wird zunehmend interdisziplinär: Gestalter sind auf Ingenieure angewiesen und umgekehrt. Die einsame Arbeit im Elfenbeinturm der typografischen Expertise wird folglich abnehmen. (siehe auch B1 > S. 93)

(09)

Decodeunicode

Johannes Bergerhausen, Siri Poarangan
Verlag Hermann Schmidt Mainz, 2011,
ISBN 978-3-87439-813-8

Das Buch enthält auf 656 Seiten alle 109.242 Schriftzeichen dieser Welt. Darüber hinaus gibt es eine detaillierte Einführung in den »Unicode«. Auf 100 farbigen Seiten werden zudem besonders schöne Zeichen abgebildet.

(10) **20th century type remix**

(06) **Wörterbuch Design**

(11) **Kunst des 20. Jahrhunderts**

(12) **Das Lachen DADAs: Die Berliner Dadaisten und ihre Aktionen.**

(13) **El Lissitzky: Proun 23 N**

(14) **Bauhaus**

(15) **Dreieck, Quadrat und Kreis**

(16) **Elementare Typografie**

(17) **Die neue Typographie**

(18) **Der Typografiestreit der Moderne**

(19) **Iron Fists**

(20) **NSCI**

(21) **Blackletter: Type and National Identity**

(22) **Max Bill: Typografie, Reklame, Buchgestaltung**

(01) **typographie**

(23) **Typoundso**

(24) **Anarchie der Zeichen**

(25) **The Education of a Graphic Designer**

(26) **Obey the Giant**

(27) **The graphic language of Neville Brody**

(28) **The graphic language of Neville Brody 2**

(29) **David Carson, The end of print, Band 1**

(30) **Fucked up + photocopied**

(31) **What, you don't know Grapus?**

(32) **Confessions of the Guerrilla Girls**

(33) **www.culture-jamming.de**

(34) **Handbuch der Kommunikationsguerilla**

(35) **The Yes Men Fix The World**

(24) **Anarchie der Zeichen**

(36) **The designer as: Author, Producer, Activist, Entrepreneur, Curator & Collaborator**

(37) **Design's Delight: method and means of a dialogic practice**

(38) **Life Style**

(39) **To Do: Die neue Rolle der Gestaltung in einer veränderten Welt**

(40) **S, M, L, XL**

Industrialisierung
Jugendstil
Henry van de Velde
Werkbund
Futurismus
Filippo Tommaso Marinetti
Weg in die Abstraktion
Collage und Montage
Dada
Dada-Künstler
Russischer Konstruktivismus
El Lissitzky
Bauhaus
Johannes Itten
de Stijl-Bewegung
Theo van Doesburg
Nationalsozialisten

Lehrende am Bauhaus
Josef Albers
Kombinationsschrift 3
László Moholy-Nagy
Jan Tschichold
»elementare typographie«
»Neue Typographie«
Einheitsschrift
Paul Renner
Futura
»Deutsche Schrift«
Fraktur
Grotesk-Gotische
»Schaftstiefelgrotesk«
»Normal-Schrift«
Inge Aicher-Scholl
Otl Aicher
Max Bill
Bauhaus-ähnliche Institutionen
Hochschule für Gestaltung, Ulm

Gesellschaftliche Verantwortung
Wortführer der Moderne
Postmoderne
postmoderne Selbstverliebtheit
Hans-Rudolf Lutz
Rick Poynor
Ellen Lupton
Michael Rock
Neville Brody
David Carson
revoltierende Geste

Punk
New Wave
Techno-Stil
Rebellion
Grapus
Kommunikationsguerilla
Designer als Autor
Jan van Toorn
visueller Journalist
Autorschaft
visueller Übersetzer
Co-Autoren
Florian Pfeffer
Designer als Zukunfts-Gestalter
Neue Rolle der Gestalter

2 Typografie ist politisch.

Typografie für alle: die Moderne –– Anti-Historismus & Ideal: Jugendstil –– Geschwindigkeit & Provokation: Futurismus –– Provokation & Antikapitalismus: dada –– Neue Gesellschaft: Konstruktivismus –– Die Schule dafür: Bauhaus –– Tot: die Nazi-Jahre –– Bauhaus reloaded: Ulm und um Ulm herum –– Postmoderne Rebellion: Schein und Sein –– Auch das noch: Designer und die Autorschaft.

(10)
20th century type remix

Lewis Blackwell
Gingko Press, Berkeley 1998,
ISBN 978-3-927258-89-1. In englischer Sprache.

Das Buch zeigt die Designgeschichte des 20. Jahrhunderts aus dem Blickwinkel der Typografie. Zahlreiche Abbildungen und einordnende Texte behandeln die verschiedenen stilistischen Strömungen, kategorisiert nach Dekaden und beginnend um 1900.

(06)
Wörterbuch Design

siehe S.18

Einige Entwicklungen zu Beginn und Mitte des 20. Jahrhunderts demonstrieren beispielhaft, wie gesellschaftliche Prozesse und Typografie zusammenwirken. Die Industrialisierung des ausgehenden 19. Jahrhunderts veränderte die Gesellschaften der Industrienationen nachhaltig. Es ist hier nicht genügend Raum, um auf alle politischen, kulturellen und wirtschaftlichen Komponenten einzugehen. Festzuhalten bleibt, dass in dieser Zeit künstlerische Bewegungen entstanden, die sich in emanzipatorischer Absicht von der Tradition distanzierten und neue Werte postulierten.

Den Anfang machte um 1900 der Jugendstil, eine Bewegung, die sich vor allem in Deutschland, Österreich, Frankreich, Belgien und England etablierte (unter jeweils anderen Namen) (10). Der Jugendstil war eine Kampfansage an den künstlerischen Historismus und den Klassizismus. Sein Ideal war die Symbiose zwischen Kunst und industrieller Produktion. Ein wichtiger Protagonist war der Belgier Henry van de Velde, der als Maler, Architekt und Theoretiker um die Jahrhundertwende bis in die 30er-Jahre einflussreiche Beiträge leistete. Bereits aus dem Jahr 1894 stammt das Zitat: »Was nur einem Einzigen zugute kommt, ist fast schon unnütz, und in der zukünftigen Gesellschaft wird das geachtet sein, was für alle von Nutzen ist.«[1] Mit dieser Position nahm er eine Haltung vorweg, die viele Künstler in den ersten Jahrzehnten des 20. Jahrhunderts einnehmen sollten. Ein wichtiges Forum stellte der Werkbund dar, der von Industriellen, Architekten und Künstlern 1907 ins Leben gerufen wurde. Gegenstand vieler Diskussionen war die Ablösung des Handwerks (und seiner Unikate) durch die serielle Produktion (und den Prototyp). Der Jugendstil hatte in Europa variierende stilistische Ausprägungen. In der Typografie äußerten sich diese einerseits durch die Stilmittel einer Ornamentik, die sich an der Natur orientierte und die einen eher »floralen« Charakter hatte. Andererseits gab es im Jugendstil aber auch Bestrebungen, die organisch anmutende Ornamentik in eine geometrische Formensprache zu überführen. Ziel war hier ein neuer Stil der rationalen Konzeption und der reinen, durch ihre Funktion bestimmten Formen (06).

Neben dem Jugendstil war es die von dem Italiener Filippo Tommaso Marinetti gegründete Bewegung des Futurismus in den 10er-Jahren des 20. Jahrhunderts, die den Zeitgeist jener Jahre exemplarisch widerspiegelt. Auch hier stand die Abrechnung mit den etablierten Werten und Ansichten zunächst im Vordergrund. Der euphorisch vorausgesagte Beginn einer neuen Epoche war im Gründungsmanifest aus dem Jahr 1909 ebenso postuliert wie die Verherrlichung von Geschwindigkeit, Gewalt und Provokation. »Schönheit gibt es nur noch im Kampf. Ein Werk ohne aggressiven Charakter kann kein Meisterwerk sein«, lautete Punkt 7 der Gründungsschrift. Der Futurismus beeinflusste alle Gattungen der Kunst. Politisch schwankten seine Protagonisten zwischen kommunistischen, anarchistischen und faschistischen Positionen. Tendenziell nationalistisch und frauenfeindlich, verbreitete er sich vor dem Ersten Weltkrieg – zeitgleich mit dem Kubismus und dem Weg

1 van de Velde, Henry: Säuberung der Kunst; Vortrag 1894 in Brüssel. In: Kunstgewerbliche Laienpredigten; Leipzig, 1902. In: Sembach, Klaus: Jugendstil; Taschenverlag, 2007

(11)
Kunst des 20. Jahrhunderts

Ingo F. Walther (Hrsg.)
Taschen Verlag, Köln 2012,
ISBN 978-3-8365-4111-4

Umfangreiches lexikalisches Werk zur Kunst des 20. Jahrhunderts. Kompakte Behandlung des Jugendstils, des Futurismus, des Dadaismus und des Konstruktivismus, die eine erste Orientierung ermöglicht.

(12)
Das Lachen DADAs: Die Berliner Dadaisten und ihre Aktionen

Hanne Bergius
Verlag Anabas, Gießen 1989,
ISBN 978-3-87038-141-7

Umfangreiches Werk über die provozierende Kulturrevolte mit dem Schwerpunkt auf den Berliner Protagonisten des Dadaismus. Mit einordnenden Texten und Biografien sowie zahlreichen Abbildungen.

(13)
El Lissitzky: Proun 23 N

oder der Umstieg von der Malerei zur Gestaltung als Thema der Moderne.

Dr. Katrin Simons
Insel Verlag, Frankfurt a.M. 1993,
ISBN 978-3-458-33076-3

Ausgehend von einer Bildbetrachtung wird in diesem Taschenbuch das Schaffen El Lissitzkys, sein Einfluß auf die Moderne und seine Rolle in den verschiedenen Stationen seines Lebens dargestellt.

in die Abstraktion – in vielen Teilen Europas und darüber hinaus bis nach Japan. Die in der Literatur vorgenommenen Experimente hatten auch Folgen für die Typografie: Die Mittel der Collage und Montage stellten einen unerhörten Bruch mit bis dahin herrschenden Konventionen dar und beeinflussten die visuelle Kommunikation des 20. Jahrhunderts nachhaltig (11).

Mitte des Ersten Weltkriegs erschien eine weitere Form künstlerischen Ausdrucks auf der Bildfläche, die stark auf die politischen und gesellschaftlichen Verhältnisse (und natürlich auf den Krieg) reagierte. Sie nannte sich Dada und stellte die herrschenden Auffassungen von Recht und Ordnung radikal in Frage. Beeinflusst von den Experimenten der Futuristen stand die Collage auch hier im Zentrum des Stils, ergänzt durch zahlreiche Experimente mit phonetischen Schreibweisen, Gedichten und Klang. Dada gewann noch an Dynamik nach dem Ende des Ersten Weltkriegs, als Deutschland in einer Zeit der politischen und wirtschaftlichen Orientierung nach einer neuen Werteordnung suchte. Vorträge, Theaterstücke und Bühnenexperimente waren die Plattformen, Plakate, Flugblätter und Flugschriften die visuellen Transportmittel. Dada wird wegen seiner politischen Haltung, der künstlerischen Vielfalt und seiner individuellen Radikalität als ein Meilenstein der Typografie betrachtet (12). Die meisten Künstler von Dada (Hugo Ball, Raoul Hausmann, Hannah Höch, Kurt Schwitters u. a.) einte die kritische Haltung gegenüber jedweder Ordnung (und sie liebäugelten durchaus mit anarchistischem Gedankengut). Währenddessen verstärkte sich eine bereits vom Werkbund begonnene und zunehmend vom russischen Konstruktivismus (hier vor allem durch El Lissitzky) (13) beeinflusste Diskussion über das Verhältnis von Kunst und Technik – zwei bis dahin streng getrennte Gattungen – und dessen Auswirkungen auf die Gesellschaft. Die Ideologie des Konstruktivismus (sie muss vor dem Hintergrund des bolschewistischen Russland verstanden werden) lautete: Die Verbindung dieser scheinbaren Gegenpole erst schaffe den entscheidenden Beitrag zu menschenwürdigem und gerechtem Leben. Die Architektur als Königsdisziplin solle sich mit den Gattungen der Malerei und der Bildhauerei, im weiteren Sinne auch mit den Gattungen der Reklame und Typografie verbünden. Darüber hinaus erhoffte man sich von den industriellen Entwicklungen jener Jahre, vor allem vom seriellen Produzieren (aber auch von den Entwicklungen z. B. im Stahlbau), einen prinzipiellen Segen, den man sich im Sinne aller Menschen (und nicht nur aus Profitinteressen) zunutze machen müsse. Das Zusammenspiel Technik – Kunst – Industrie werde eine ethische wie ästhetische Maßstäblichkeit zum Wohle der Gesellschaft bewirken. Eine Kunstschule, das 1919 gegründete Bauhaus, versuchte, diesen avantgardistischen Positionen eine Heimat zu geben.[2] Allerdings stand im Bauhaus das Individuum und sein intuitives Verhältnis zu seiner Umgebung zunächst im Vordergrund der Lehrinhalte. Diese »expressionistischen« Ansätze, unter anderem propagiert von Bauhauslehrern wie Johannes Itten, dominierten die ersten Jahre. Seinen Ruf als weltberühmte Institution der Moderne verdankte das Bauhaus den Einflüssen

2 Das Bauhaus-Manifest (1919). In: Wingler, Hans M.: Das Bauhaus 1919–1933; Weimar, Dessau, Berlin und die Nachfolge in Chicago seit 1937. 2. erw. Auflage, Bramsche/Köln, 1968

(14)
Bauhaus

Magdalena Droste
Taschen Verlag, Köln 2009, Nachauflage 2013,
ISBN 978-3-8228-4999-6

Detailreiche Abhandlung über das berühmte Bauhaus, seine verschiedenen Standorte, seine Entwicklungsphasen und seine Lehrer. Wichtig zum Verständnis moderner Typografie, Gestaltung und Architektur.

(15)
Dreieck, Quadrat und Kreis

Bauhaus und Design-Theorie heute

Ellen Lupton, J. Abbott Miller (Hrsg.)
Birkhäuser Verlag, Basel 1994,
ISBN 978-3-7643-2984-6

Das Buch reflektiert die Designkonzeption der Moderne am Bauhaus und zeichnet die zeitlichen, pädagogischen und gestalterischen Zusammenhänge nach. Verschiedene Autoren untersuchen darüber hinaus die Relevanz der Bauhaus-Ansätze in der Postmoderne.

(16)
Elementare Typografie

Jan Tschichold
Verlag Hermann Schmidt Mainz 1986,
ISBN 978-3-87439-129-0. Reprint aus: Typographische Mitteilungen, Zeitschrift des Bildungsverbandes der Deutschen Buchdrucker, Leipzig, Oktoberheft 1925, Sonderheft.

Der Aufruf an die gewerkschaftlich organisierten Drucker ist ein Schlüsselwerk der Neuen Typographie und markiert den Beginn einer umfangreichen Debatte und typografischen Neuausrichtung.

(17)
Die neue Typographie

ein Handbuch für zeitgemäß Schaffende.

Jan Tschichold
Verlag Brinkmann&Bose, Berlin, 2. Auflage 1987, ISBN 978-3-922660-23-1. Die erste Auflage erschien 1928 im Verlag des Bildungsverbandes der deutschen Buchdrucker.

In dem 1928 erschienenen Buch erklärt Tschichold die Neue Typographie anhand von Vergleichen mit der damals gängigen »alten« Typografie. Er zieht Parallelen zur Kunst und geht auf die damaligen medialen Herausforderungen ein.

der de Stijl-Bewegung, die Theo van Doesburg 1923 aus den Niederlanden mit ans Bauhaus brachte. Die gesellschaftliche Dimension des künstlerischen Schaffens rückte nun stärker in den Mittelpunkt, die konstruktivistische Idee löste das »expressionistische« Bauhaus ab (14, 15). Bevor es 1933 von den Nazis geschlossen wurde, entwickelten Lehrende wie Walter Gropius, Wassily Kandinsky, Paul Klee, Hannes Meyer, Ludwig Mies van der Rohe, László Moholy-Nagy und andere eine Ausbildung, die Handwerk, Technik und Kunst zu vereinen suchte. Ihr Schwerpunkt lag in der schöpferischen Erziehung, verbunden mit der Anleitung zu sozialer Verantwortung. In der Typografie wurde am Bauhaus einiges hinterfragt: Josef Albers experimentierte bei seiner □ S. 137 *Kombinationsschrift 3* □ mit einem Zeichenkanon, der nur drei Grundformen kannte.[3] Ziel war die Beschleunigung und damit die Optimierung des Arbeitsablaufes beim Setzen. Das Bauhaus forderte, die deutsche Schriftsprache auf Kleinschreibung umzustellen.[4] Die Begründung stand am Fuß des Bauhaus-Briefbogens: »wir schreiben alles klein, denn wir sparen damit zeit. warum 2 alfabete, wenn eins dasselbe erreicht? warum groß schreiben, wenn man nicht groß sprechen kann?« Die Vorschläge zur Vereinfachung (und Internationalisierung) der deutschen Schriftsprache reichten von der Forderung, das »ph« in Worten wie Alphabet, Typographie oder Fotographie durch das »f« zu ersetzen bis hin zu einer grundsätzlichen Abkehr der herrschenden Orthografie zugunsten phonetischer Schreibweisen.[5] László Moholy-Nagy beschwor die neue Symbiose zwischen Typografie und Fotografie und erkor das »Typophoto« zur zeitgemäßen Kommunikationsform, weil es die visuell exaktest dargestellte Mitteilung sei. An den Beispielen sieht man die Anstrengungen, politische Visionen durch die Symbiose von Technik und künstlerischem Ausdruck zu realisieren. Enthusiastisch schrieb Moholy-Nagy: »Die Eindeutigkeit des Wirklichen in der Alltagssituation ist für alle Schichten da. Langsam sickert die Hygiene des Optischen, das Gesunde des Gesehenen durch.«[6]

Vor diesem Hintergrund war es kein Wunder, dass zum Thema Reklame und Neue Typographie Mitte der 20er-Jahre weitere grundlegende Dogmen verkündet wurden: Im Oktober 1925 erschien ein Sonderheft der »Typographischen Mitteilungen« mit dem Namen »elementare typographie« (16). Es wurde herausgegeben von Jan Tschichold und richtete sich an alle gewerkschaftlich organisierten Setzer und Buchdrucker in Deutschland. Der Inhalt: grundlegende Aufsätze und Positionen zur elementaren oder funktionalen Typografie, verfasst von verschiedenen Wortführern der Moderne, mit zahlreichen grafischen Beispielen. Die Thesen zur Neuen Typographie (17) stellten einen Bruch mit der bis dahin herrschenden Gestaltung dar. Empfohlen wurde der ausschließliche Einsatz von Groteskschriften. Einfachheit, Klarheit und Asymmetrie waren weitere wesentliche Leitlinien. Einen ganzen Kanon

3 Albers, Josef: kombinationsschrift 3. In: bauhaus, zeitschrift für gestaltung; Nr. 1, Januar 1931

4 Moholy-Nagy, László: bauhaus und typografie. In: Anhaltische Rundschau 14. September 1925; Erneut abgedruckt in: Wingler, Hans M.: Das Bauhaus 1919–1933, Weimar, Dessau, Berlin und die Nachfolge in Chicago seit 1937. 2. erw. Auflage, Bramsche/Köln, 1968

5 Schmidt, Joost: schrift? In: bauhaus. zeitschrift für gestaltung (Dessau); 2. Jg. 1928, Nr. 2/3

6 Moholy-Nagy, László: TYPOPHOTO. In: Tschichold, Jan: Elementare Typographie; Sonderheft der Zeitschrift »Typographische Mitteilungen« (Leipzig), 1925

(18)
Der Typografiestreit der Moderne

Max Bill kontra Jan Tschichold.

Hans Rudolf Bosshard
Verlag Niggli, Sulgen 2012,
ISBN 978-3-7212-0833-7

Im Jahr 1946 erschien in den »Schweizer Graphischen Mitteilungen« ein Beitrag von Max Bill, in dem dieser Jan Tschichold angreift. Der Grund: Tschicholds Rückkehr zur traditionellen typografischen Buchgestaltung verrate die Ideale der »Neuen Typographie«. Der Angriff und Tschicholds Antwort sind als Originaltexte in diesem Buch nachzulesen.

(19)
Iron Fists

Branding the 20th-Century Totalitarian State.

Steven Heller
Phaidon Press, London 2008,
ISBN 978-0-7148-4846-4. In englischer Sprache.

Ein Buch über die visuelle Propaganda der vier großen totalitären Regime des 20. Jahrhunderts: Nazi-Deutschland, faschistisches Italien, Sowjetunion, kommunistisches China.

(20)
NSCI

Das visuelle Erscheinungsbild der Nationalsozialisten 1920–1945.

Andreas Koop
Verlag Hermann Schmidt Mainz 2008,
2. Auflage 2012, ISBN 978-3-87439-768-1

Das Buch beschreibt ausführlich die grafische Sprache der Nazi-Propaganda: Schrift und Typografie, Symbolik, Zeichen und Farben, Flaggen, Uniformierung und Inszenierung.

(21)
Blackletter: Type and National Identity

Peter Bain, Paul Shaw (Hrsg.)
Princeton Architectural Press, New York
1998, ISBN 978-1-5689-8125-3. In englischer Sprache.

Im Buch beschreiben europäische und amerikanische Typografen/Fachautoren die Entwicklung und Geschichte der gebrochenen Schriften im Spannungsfeld der nationalen Identitäten.

(22)
Max Bill: Typografie, Reklame, Buchgestaltung

Typography, Advertising, Book Design.

Max Bill, Gerd Fleischmann, Hans Rudolf Bosshard, Christoph Bignens
Niggli Verlag, Sulgen 1999,
ISBN 978-3-7212-0341-7. In deutscher und englischer Sprache.

Das Buch beleuchtet Max Bills Arbeiten als Gebrauchsgrafiker. Sein Atelier bill zürich reklame hat die visuelle Avantgarde der Schweiz um 1930 entscheidend mitgeprägt.

verfasste Jan Tschichold im Jahre 1928 in dem Buch »Die Neue Typographie«. Wie die Typografen am Bauhaus versuchte sich auch Jan Tschichold in der Optimierung des Lesens unter dem Fixstern des gesellschaftlichen Fortschritts. Seine Ideen zur *Einheitsschrift*[7] wie auch
□ S.139 die Kleinschreibung des Bauhauses □ setzten sich aber (teilweise zu Recht) nicht durch. Eine Schriftentwicklung jener Jahre erlangte jedoch Weltruhm und ist heute noch Bestandteil mancher gestalterischer Arbeit: die auf einfachen geometrischen Konstruktionen basierende *Futura*, 1927 entworfen von Paul Renner. Diskussionen über das Maß an typografischer Radikalität blieben nicht aus. Jan Tschichold relativierte seine Thesen zwei Jahrzehnte später. Er empfand sie als zu wenig flexibel, um unterschiedliche Inhalte adäquat visualisieren zu können. Er geriet dadurch in heftigen Streit mit jenen Gestaltern, die an den Dogmen der elementaren Typographie festhielten **(18)**. Die Machtergreifung der Nationalsozialisten **(19)** ließ jeden Fortschritt und jede Diskussion verstummen. Viele Künstler, Architekten, Fotografen, Designer und Typografen verließen Deutschland oder mussten es verlassen, weil sie von den Nazis verfolgt wurden. Staatlich gelenkte Propaganda ersetzte die Kultur der Meinungsvielfalt. Die Propaganda erstreckte sich auf alle Bereiche der Kommunikation, ob Film, Rundfunk, Fotografie oder Typografie. Nach der Machtergreifung erklärten die Nazis die
□ S.142 *Fraktur* □ zur »deutschen Schrift« **(20)**, mit der künftig zu kommunizieren sei (sie war bereits vor der Machtergreifung eine häufig verwendete Schrift). Die Schriftgießereien vereinfachten die *Fraktur* zu einer sogenannten
□ S.142 *Grotesk-Gotischen* (auch *Schaftstiefelgrotesk* □ genannt), die in vielen Bereichen eingesetzt wurde. 1941 erfolgte die Kehrtwende. Zu diesem Zeitpunkt gingen die Nazis davon aus, den Krieg zu gewinnen und damit weite Teile Europas zu beherrschen. Da unter Kommunikationsaspekten gebrochene Schriften wie die *Fraktur* untauglich waren, weil sie in vielen Ländern nicht verwendet wurden, erklärte man sie kurzerhand zu »Judenlettern« und verbot ihren Gebrauch. Am 3. Februar 1941 wurde ein »Führererlass« von »Reichsleiter, Gauleiter, Verbändeführer« Bormann als nicht zur Veröffentlichung vorgesehenes Rundschreiben abgeschickt, Wortlaut: »Am heutigen Tage hat der Führer in einer Besprechung mit Herrn Reichsleiter Amann und Herrn Buchdruckereibesitzer Adolf Müller entschieden, dass die Antiqua-Schrift künftig als Normal-Schrift zu bezeichnen sei. Nach und nach
□ S.143 sollen sämtliche Druckerzeugnisse auf diese *Normal-Schrift* □ umgestellt werden.«[8] **(21)**

* Die Fraktur und die »deutsche Identität« > S.44

Inge Aicher-Scholl und ihr Ehemann Otl Aicher waren es, die nach dem Zusammenbruch des Nazireichs die Bauhaus-Idee und damit einen Ansatz wiederbelebten, Gestaltung als humanistischen Faktor zu begreifen. Beide hatten Ende der 40er-Jahre zunächst die Volkshochschule in Ulm gegründet, währenddessen das Projekt einer Gestaltungshochschule aber stets vorangetrieben. Max Bill, Schweizer Architekt, Typograf und ehemaliger Bauhausschüler **(22)**, stand mit dem Ehepaar in einem regen Gedankenaustausch. Er schrieb über das

7 Die Schrift. In: Rasch, Heinz und Bodo: Gefesselter Blick. Stuttgart 1930; Reprint Baden 1996

8 Der Brief ist als einseitige Abbildung zu sehen in: Blackletter – Type and National Identity; Hrsg. Peter Bain, Paul Shaw; Princeton Architectural Press, ISBN 978-1-5689-8125-3

Fachbuch

weiterführendes Fachbuch

weitere Literatur, Link, Film

(01) typographie

siehe S. 14

Vorhaben: »Verschiedene Versuche, bauhaus-ähnliche Institutionen zu gründen oder bestehende Schulen umzuwandeln, sind inzwischen mehr oder weniger geglückt. Doch kein Plan wurde so weit entwickelt wie jener der von Inge Aicher-Scholl im Gedenken an ihre von den Nazis ermordeten Geschwister gegründeten Geschwister-Scholl-Stiftung, in Ulm eine neue Hochschule für Gestaltung zu errichten. Das große Interesse, das der amerikanische Hochkommissar in Deutschland, John McCloy, und seine Mitarbeiter dem Plan entgegenbrachten, und seine großzügige Spende, die den deutschen Stellen den Weg erleichtert hat, machen es möglich, den Plan zu realisieren.«[9] Der Prospekt der Hochschule für Gestaltung in Ulm begann mit folgender Einleitung: »Die Schule ist die Weiterführung des Bauhaus (Weimar, Dessau, Berlin). Neu hinzu kommen jene Aufgabengebiete, denen vor zwanzig, dreißig Jahren im Rahmen der Gestaltung noch nicht die heutige Bedeutung beigemessen wurde. (…) Die Hochschule für Gestaltung ist bestrebt, den in der Jugend zur Auswirkung drängenden Unternehmungsgeist zu lenken und die Jugend zur Mitarbeit und Mitverantwortung am gesellschaftlichen Leben zu erziehen, zur Verwirklichung von sozial bedeutenden Gestaltungsaufgaben und zur Kultivierung der Lebensform unseres technischen Zeitalters.«[10] Die HfG Ulm bestand von 1953 bis 1968. Der von dem zeitweiligen Rektor Max Bill entworfene Campus war das Mekka der Nachkriegsgrafik. Hier lehrten zahlreiche international renommierte Dozenten nach dem Ulmer Modell: einer auf Technik und Wissenschaft gestützten Vorstellung von Design. Der Designer sollte nicht mehr übergeordneter »Künstler«, sondern gleichwertiger Partner im Entscheidungsprozess der industriellen Produktion sein. Zum Konzept gehörten auch die Fächer Soziologie, Politologie und Psychologie. Das Curriculum setzte sich je zur Hälfte aus theoretischen und praktischen Fächern zusammen. In der praktischen Arbeit wurde Wert auf die enge Zusammenarbeit mit der Industrie gelegt. Otl Aicher lehrte an der HfG Ulm Visuelle Kommunikation. In zahlreichen Publikationen forderte er bis zu seinem Tod 1991 die Verantwortung des Gestalters gegenüber Inhalten: »Was immer man tut, man tut es weder als ästhetisches noch als soziales Individuum in Reinkultur. Man ist in die Kultur, in die Gesellschaft, in die Geschichte und also auch in die Politik verflochten. Mag sein, dass ein Typograf ein Mann ist, der dem Zeitgeist und seinen Moden folgen will. Trotzdem handelt er politisch. Er kann Informationen manipulieren, verschönern, oder er kann auf ihren Aussagewert pochen. Er kann verhindern, dass wir getäuscht oder abgelenkt werden. Er weiß, dass die meisten nicht gesprochenen Informationen über das Vehikel des Drucks zu uns kommen. Also kann er ein Optimum an Mitteilung suchen oder ein Optimum an Auftritt und Erscheinung. Das macht seine Tätigkeit politisch.«[11] Das Zitat fasst zusammen, wie die Wortführer der Moderne Visuelle Kommunikation verstanden. (siehe auch »Typografie ist Stil« A3) (01).

* Die Nachkriegsjahre und die gestalterische Moderne > S.44

Bis heute bilden diese Positionen die Basis für das Verständnis Visueller Kommunikation. Weitergehende Debatten und Beiträge zur Verantwortung des Gestalters mit ähnlichem Anspruch auf Allgemein-

9, 10 Bill, Max: FORM. Eine Bilanz über die Formentwicklung um die Mitte des 20. Jahrhunderts (1952)

11 In: Aicher, Otl: typographie; siehe Buchempfehlung A1/1

(24)
Anarchie der Zeichen

Grafik-Design von den Achtzigern bis heute.

Rick Poynor
Birkhäuser Verlag, Basel 2003,
ISBN 978-3-7643-0449-2

Ein wichtiges Buch zum Verständnis typografischer Entwicklungen in der Postmoderne. Poynor analysiert die verschiedenen grafischen Strömungen der 80er- und 90er-Jahre (u. a. Punk, New Wave und Techno).

(23)
Typoundso

Hans-Rudolf Lutz
Niggli Verlag, Sulgen, 2. Auflage 1996,
ISBN 978-3-7212-0632-6

Das Buch behandelt das pädagogische und gesellschaftliche Umfeld von Typografie. Eine sehr persönliche typografische und politische Bilanz des Schweizer Grafikers und Lehrers, in der er auf die Jahrzehnte seines Schaffens zurückblickt.

(26)
Obey the Giant

Life in the Image World.

Rick Poynor
Verlag Birkhäuser, Basel, 2. Auflage 2007,
ISBN 978-3-7643-8500-2. In englischer Sprache.

In einer Sammlung von Essays beschäftigt sich der Autor mit der visuellen Marken-Kultur aus Sicht des Verbrauchers. Er untersucht die Rolle des (Werbe-) Designers und welche Auswirkungen sein Tun auf die Gesellschaft und die Kultur hat.

(25)
The Education of a Graphic Designer

Steven Heller (Hrsg.)
Allworth Press, New York, 2. Auflage 2005,
ISBN 978-1-58115-431-3. Mit Beiträgen unter anderem von Ellen Lupton und Michael Rock.
In englischer Sprache.

Eine Sammlung von Essays, Interviews und Beispielen. 42 Designer geben einen Einblick in die Arbeit, das Selbstverständnis und die Anforderungen, die der Beruf des Designers mit sich bringt.

(27)
The graphic language of Neville Brody

Neville Brody, Jon Wozencroft
Verlag C. J. Bucher, München 1988,
ISBN 978-3-7658-0606-3. In englischer Sprache.

Die beiden Bücher zeigen zahlreiche Arbeiten Brodys der 80er- und 90er-Jahre aus den Bereichen Magazin-Gestaltung, Corporate Design, Leitsysteme und Plakat-Gestaltung. Sie sind Beleg für eine zu dieser Zeit stattfindende Ablösung der analogen durch digitale Gestaltungstechniken.

(28)
The graphic language of Neville Brody 2

Neville Brody, Jon Wozencroft
Bangert Verlag, München, 5. Auflage 1994,
ISBN 978-3-925560-63-7. In deutscher Sprache.

Siehe Beschreibung (27).

(29)
David Carson, The end of print, Band 1

Lewis Blackwell, David Carson
Bangert Verlag, München, 6. Auflage 1995,
ISBN 978-3-925560-64-4

Ein Sprung in die grafische Welt der 90er-Jahre. Carsons Aufsehen erregende grunge typography prägte eine ganze Generation von Designern, die seinen Stil weltweit kopierten.

gültigkeit waren in den letzten 20 Jahren in Deutschland nicht zu verzeichnen. Denn bereits in den 80er-Jahren begann sich das Selbstverständnis der Gestalter zu verändern. Parallel zu Entwicklungen in der Literatur, Kunst und Architektur entstanden auch in der Visuellen Kommunikation gestalterische Ausdrucksformen, die unter dem Begriff Postmoderne zusammengefasst werden können. Der Begriff selbst weist ja auf sein Verhältnis zur Moderne hin und so bestanden postmoderne Tendenzen in der Typografie unter anderem darin, sich von den Sichtweisen der Moderne zu distanzieren. Dies äußerte sich in der verstärkten formalen Inszenierung. Gestalter drängte es zur individuellen Autorschaft, sie wollten in ihren Arbeiten sichtbar werden, die gestalterische Geste wurde mitunter wichtiger als der Inhalt, den es zu kommunizieren galt. Mit dieser Haltung stellten sie die Definition von gestalterischer Verantwortung, wie die Protagonisten der Moderne sie verstanden, massiv in Frage. Die postmoderne Selbstverliebtheit, eine sich verändernde politische Landschaft und technische Neuerungen zu Beginn der 90er-Jahre übertönten eine verhalten geführte Diskussion hinsichtlich des designerischen Rollenverständnisses hierzulande. Beiträge, wie beispielsweise die des Schweizer Autors, Gestalters und Lehrers Hans-Rudolf Lutz zu gestalterischer Verantwortung, die Analysen des britischen Autors Rick Poynor über das Verhältnis des Designs zur Postmoderne oder die Essays von Ellen Lupton und Michael Rock (USA) zum gestalterischen Rollenbild wurden nur vereinzelt aufgegriffen, das Verständnis von Visueller Kommunikation beeinflussten sie kaum **(23, 24, 25, 26)**. Und so blieben die Dogmen der Moderne der postmodernen Wirklichkeit zum Trotz bis weit in die 90er-Jahre hinein eine wortmächtige Richtschnur der Kritik in Deutschland. Als Neville Brody, ein englischer Gestalter **(27, 28)**, Ende der 80er-Jahre durch seine dekorative Typografie das Zeitschriftenlayout in England revolutionierte und damit den Nerv der Zeit traf, wurde ihm von Gestaltern wie Otl Aicher der Status eines seriösen Typografen abgesprochen. »Es wird wohl immer so bleiben, dass Schriften als Material für ästhetische Strukturen herhalten müssen (...). Solange man solche Schriften nicht lesen soll, mag das angehen. Von Typografie kann man dann allerdings nicht mehr sprechen« schrieb Aicher [12] zu einer Schriftcollage von Brody. Ein ähnliches und vielstimmiges Urteil ereilte den Kalifornier David Carson **(29)**, der mit seiner Gestaltung eines US-Surfmagazins Anfang der 90er-Jahre Designgeschichte schrieb: Typografie war endgültig nicht mehr funktional, sondern zum Teil unlesbar bis zur reinen Bildhaftigkeit. Die Erfolge der beiden, nicht nur bei ihren Zielgruppen, sondern auch bei Gestaltern weltweit (die deren Stil bis zur Ermüdung kopierten) zeigt, dass die Wirkung typografischer Gestaltung offenbar nicht allein in ihrer Lesbarkeit begründet ist (mehr dazu in Kapitel B1).

Das anarchische, mitunter selbstverliebte Schaffen vieler Gestalter war nicht nur eine revoltierende Geste gegen den vorherrschenden gestalterischen Duktus, sondern richtete sich oft gegen »das Establishment« als solches. Ein Klassiker ist die Typografie des Punk in den 70er- und frühen 80er-Jahren, bei der die kostengünstige Vervielfältigung (Kopierer, Schere), die laienhafte Gestaltung und die politisch/

12 In: Aicher, Otl: typographie; siehe Buchempfehlung A1/1

(30)
Fucked up + photocopied

Instant Art of the Punk Rock Movement.

Bryan Ray Turcotte, Christopher T. Miller
Gingko Press, Berkeley 1999,
ISBN 978-1-58423-083-0. In englischer Sprache.

Eine Sammlung von grafischen Arbeiten der amerikanischen Punk-Musik-Szene zwischen 1977 und 1985. »Laienhafte« Typografie, die jedem Profi gut zu Gesicht stünde. Eine wichtige Inspirationsquelle für spielerische analoge Typografie.

(32)
Confessions of the Guerrilla Girls

Guerrilla Girls
Harper Perennial, Sidney 1995,
ISBN 978-0-06-095088-0. In englischer Sprache.

Ein Buch über das konzeptionelle und grafische Werk der Künstlerinnen-Gruppe aus New York. Gutes Anschauungsmaterial für das Zusammenspiel von Typografie und Kunst. In englischer Sprache.

(31)
What, you don´t know Grapus?

Léo Favier
Spector Books, Leipzig 2014,
ISBN-13: 978-3-94-466949-6. In englischer Sprache.

Das berühmte französische Designer-Kollektiv, 1968 gegründet, hatte seine Blütezeit in den 70er- und 80er-Jahren. 25 Interviews in diesem Buch erzählen von den Arbeitsweisen, den Auseinandersetzungen und dem kollektiven Lebensalltag.

(33)
www.culture-jamming.de

(34)
Handbuch der Kommunikationsguerilla

Luther Blissett
Sonja Brünzels Assoziation A, Berlin,
4. Auflage 2001, 5. erweiterte Auflage 2012,
ISBN 978-3-86241-410-9

Das Buch beschäftigt sich mit subversiven Vorgehensweisen und Gestaltungsstrategien als Mittel des Protestes und des Widerstands gegen kapitalistische Konsum-Mechanismen oder Machtmissbrauch.

(35)
The Yes Men Fix The World

Andy Bichlbaum, Mike Bonanno
Dogwoof Pictures 2009, ASIN B002VE97NE

Der Film zeigt verschiedene Projekte, mit denen die Yes Men weltweit für Aufmerksamkeit sorgten. Er zeigt auch, dass politisches Engagement und Witz keine Gegensätze sein müssen.

individuelle Radikalität (als Rebellion gegen die gesellschaftliche Norm) einen unnachahmlichen Stil erzeugten. Der Punk-Typografie (30) wie überhaupt allen nachfolgenden Stilen (etwa dem New Wave oder später dem Techno-Stil) war eines gemeinsam: das Fehlen gesellschaftlicher Visionen und Konzepte, wie sie in der ersten Hälfte des 20. Jahrhunderts den meisten gestalterischen Bestrebungen zu Grunde lagen. Dieser Mangel hat Gestaltern häufig den Ruf des Unpolitischen eingetragen. Ausgehend vom Bild des Typografen als einem verantwortlichen Akteur in Kommunikationsprozessen ist dieser Vorwurf angesichts mancher Formverliebtheit sicher nicht ganz falsch. Andererseits können auch neue formale Ansätze Sichtweisen in Frage stellen und Diskussionen in Gang bringen. Schließlich kann nicht jedem Stil ein Manifest vorausgehen. Manchmal ist der Stil bereits das Manifest. Am Beispiel der Punk-Typografie ist das gut zu beobachten.

Dennoch: Was der »gestalterischen Rebellion« zumeist fehlte, war die inhaltliche und somit politische Reflexion. Sie bewegte sich in einem Korridor »künstlerischer« und formaler Freiheit. Selten rebellierte sie wirklich, meist kratzte sie nur kokett an der visuellen Oberfläche des Status quo. Dieser selbstreferentielle Gestus kann als ein Wesensmerkmal postmoderner Typografie bezeichnet werden. Aber es gab auch wirkliche Rebellion, bei der es allerdings um gesellschaftspolitische Inhalte ging und bei der die Typografie als wirkungsvoller Transporteur von Meinung fungierte. Ein berühmtes Beispiel ist das französische Gestalterkollektiv Grapus (31), das in den 70er- und 80er-Jahren linkes politisches Sendungsbewusstsein mit anarchischem Spaß verband. Es entstand eine Symbiose aus inhaltlichen Positionen und einer Formensprache, die nachfolgenden Gestaltergenerationen über Frankreich hinaus als Vorbild diente. Weitere Gruppierungen, die vor allem mit den Instrumenten der Werbung oder der öffentlichen Kommunikation auf subversive Weise politische Inhalte platzierten, waren Künstlerinnen wie die Guerrilla Girls (USA), die Macher des Magazins »Adbusters« (Kanada) oder The Yes Men (USA) und eine Vielzahl weiterer Aktivisten und Gruppierungen, die sich unter dem Begriff Kommunikationsguerilla versammeln lassen (32, 33, 34, 35).

* Das Bachelor / Master-System
> S.44

In den letzten Jahren ist die Reflexion über die Rolle von Gestaltern in Deutschland wieder stärker in den Vordergrund gerückt. Die Diskussionen, über welche Fähigkeiten ein Gestalter im aktuellen Berufsfeld verfügen muss und welche Rolle er für sich reklamieren sollte, kommen aus verschiedenen Richtungen. Sicher stehen sie auch im Zusammenhang mit der Einführung der Bachelor / Master-Struktur in den Gestaltungshochschulen, die eine Revision bestehender Lehrinhalte zur Folge hatte und ein Nachdenken über den gesellschaftlichen Stellenwert von Gestaltung erneut in Gang setzte. Eine Reihe von Autoren, deren Beiträge in den letzten 15 Jahren bereits im angelsächsischen Raum veröffentlicht wurden, trugen zu dieser Diskussion bei. Zum Beispiel der bereits erwähnte Michael Rock (USA), der den in der Postmoderne geborenen Begriff des Designers als Autor aufgriff und weitere Beschreibungen des Berufs in die Diskussion einbrachte: der Designer als

(24)
Anarchie der Zeichen

siehe S.38

(36)
The Designer as: Author, Producer, Artist, Entrepreneur, Curator & Collaborator

New Models for Communicating

Steven McCarthy
BIS Publishers, Amsterdam 2013,
ISBN 978-90-6369-292-6.
In englischer Sprache.

McCarthy beschreibt in dem 2013 erschienenen Buch, auf welche Felder sich der Beruf des Designers inzwischen erstreckt. In sechs Kapiteln zeigt er die Rollen auf: Der Designer als Autor, als Produzent, als Aktivist, als Unternehmer, als Kurator und als Kollaborateur.

(37)
Design's Delight: method and means of a dialogic practice

Jan Van Toorn
010 Publishers, Rotterdam 2006,
ISBN 978-90-6450-522-5. In englischer und niederländischer Sprache.

Das Buch beleuchtet die Rolle des Designs in der Konsumgesellschaft. Eine fundamentale Kritik an der »kapitalistischen Kultur des Spektakels«, verbunden mit der Aufforderung zu mehr gestalterischer Verantwortung.

(38)
Life Style

Bruce Mau
Phaidon Press, 2005, ISBN 978-0-7148-4520-3.
In englischer Sprache.

Das Buch reflektiert die Arbeit des kanadischen Designers Bruce Mau. Es ist eine Sammlung von Essays, Beobachtungen und Projektdokumentationen, die einen Einblick geben in die Denk- und Arbeitsweise des Gestalters. Das Buch demonstriert, dass Design und Inhalt untrennbare Begriffe sind.

(39)
To Do: Die neue Rolle der Gestaltung in einer veränderten Welt

Strategien, Werkzeuge, Geschäftsmodelle

Florian Pfeffer
Verlag Hermann Schmidt Mainz 2014,
ISBN 978-3-87439-834-3

Florian Pfeffer stellt das Berufsbild des Designers auf den Prüfstand: Welchen Herausforderungen können Designer heute und in Zukunft mit welchen Strategien begegnen? Das Buch listet eine Fülle von Projekten auf und stellt Ideen vor. Ihnen allen ist gemeinsam, dass sie die Grenzen der Designdisziplin überschreiten, mit anderen Wissensgebieten kollaborieren oder auf diese Weise beispielgebend sind, wie Designer konstruktiv an einer veränderten Welt mitwirken.

Übersetzer, der Designer als Performer, der Designer als Regisseur (1996) **(24, 36)**. Der Autor und Gestalter Jan van Toorn (Niederlande) fordert in seinem Buch (2006), die Debatte über die soziokulturelle Rolle des Gestalters wieder zu eröffnen angesichts einer zunehmend »manipulierenden, kapitalistischen Kultur des Spektakels«. Er propagiert die verantwortliche Rolle des Gestalters als visueller Journalist **(37)**. Der Begriff der Autorschaft – auf dem Höhepunkt postmoderner Typografie reduziert auf die Attitüde gestalterischer Selbstverwirklichung – erhält wieder jenes Gewicht, das ihm »Veteranen« wie Bruce Mau **(38)** einst verliehen hatten: Der Gestalter darf mehr sein als ein visueller Übersetzer, er ist gefragt als visueller Forscher, als Kommentator visueller Phänomene oder als Herausgeber gestalterischer Statements. Zu der beschriebenen Entwicklung passt auch die jüngst wieder ins Spiel gebrachte Rollendefinition, wonach Gestalter Co-Autoren unserer sichtbaren Umwelt sind. Selbst wenn man sie nur als Übersetzer von Botschaften ins Visuelle sehen wolle, zeichneten sie doch mitverantwortlich für das Erscheinungsbild, in dem sich ein Land, eine Kultur ausdrücke. Die Debatte zur Rolle der Gestaltung reicht zunehmend über den begrenzten Rahmen des Visuellen hinaus. Der Designer und Autor Florian Pfeffer etwa sieht das analytisch / kreative Potential, das der Profession innewohnt, als Schlüssel zur Gestaltung der Zukunft: Designer überschreiten die Grenzen ihrer Disziplin und bereichern den Diskurs über digitale Vernetzung, Globalisierung und kollabierende Ökosysteme mit neuen Ideen, Projekten und Geschäftsmodellen **(39)**.

* Bruce Mau
> S.44

* Gestaltung ist immer ein
Spiegelbild der Gegenwart
> S.44

Aber wie auch immer die Rolle von Gestaltern künftig definiert werden wird: Die Debatte darüber setzt eine emanzipierte und intellektuelle Interpretation des Berufes voraus, der an der Schnittstelle zwischen den Interessen Einzelner und den Interessen der Öffentlichkeit verortet werden muss. Insofern hatte Otl Aicher recht: Die Tätigkeit von Gestaltern ist politisch. Und der Umgang mit Typografie ist es deswegen nicht minder.

< S. 35 Die Fraktur und die »deutsche Identität«

Debatten darüber, welche Schrift die deutsche Identität idealerweise verkörpere, flammten in den vergangenen Jahrhunderten immer wieder auf. Aber erst die Nationalsozialisten instrumentalisierten Typografie umfassend zu ideologischen Zwecken. Sie verfuhren dabei geschickt, indem sie Schriften wie die Fraktur aufgriffen, die in den Jahren vor der Nazidiktatur bereits ein integraler Bestandteil des visuellen Alltags in Deutschland war. Die Fraktur war nicht nur zeitaktuell, sondern auch ideologisch ausschlachtbar, entstammt sie doch der Linie jener Schriften, die ihren Ursprung in der Formensprache der gotischen Minuskeln haben. Diese »gebrochenen Schriften« (zu denen die Fraktur gehört) entwickelten sich seit der Renaissance in einem parallelen Strang zu den venezianischen und französischen Antiqua-Schriften und mussten nun dazu herhalten, als »urdeutsche« Schriften deklariert zu werden.

Die brachiale Ideologie der Nazis konnte die Lesegewohnheiten der Menschen in Deutschland jedoch nicht von heute auf morgen ändern. So kann man nicht von einem durchgängigen Einsatz der Fraktur in der Typografie des Alltags sprechen. In vielen Anwendungsbereichen wurden nach wie vor Antiqua-Schriften eingesetzt.

< S. 37 Die Nachkriegsjahre und die gestalterische Moderne

Otl Aichers Haltung muss vor dem Hintergrund der Nazi-Jahre und des Aufbaus der jungen Bundesrepublik verstanden werden. Die politische Dimension seiner Positionen hatten im Heimatland des damaligen kulturellen Impulsgebers, in den USA also, weder ihren Ursprung, noch fanden sie dort größeren Widerhall. Die Amerikaner hatten kein Trauma zu verarbeiten und sie waren in ihrer Mehrzahl überzeugt von der Segen spendenden Kraft des wirtschaftlichen Wachstums (wie übrigens auch die Mehrheit der deutschen Bevölkerung, die für das »Wirtschaftswunder« verantwortlich zeichnete). Während sich die gestalterische Elite der Moderne in Deutschland also auf die humanistische Tradition des Bauhauses besann und in einer Art Gründungsmodus nach neuen Spielregeln des gesellschaftlichen und kulturellen Miteinanders suchte, feierte man in den USA unhinterfragt den Konsum – angefeuert und begleitet von einer spezifischen Werbegrafik, die bald auch in der Bundesrepublik Deutschland reüssieren sollte. Hier »die Verantwortung des Designers gegenüber der Gesellschaft«, dort »die Verantwortung des Designers gegenüber den jeweiligen Geschäftsinteressen« – könnte man die Gegensätze der transatlantischen Gemengelagen zusammenfassen. Die Grafik, die aus Übersee herüberschwappte, war das Ergebnis landestypischer Einflüsse und Entwicklungen: Sie hatte sich von dem auch in den USA zunächst dominierenden »International Swiss Style« emanzipiert und war angereichert mit allerlei Ingredienzien aus der amerikanischen Kunst und Kultur. Die amerikanischen Impulse zeigten in Deutschland Wirkung. Die hiesige Neubesinnung der gestalterischen Avantgarde auf humanistische Traditionen verschmolz mit den verheißungsvollen Signalen aus einem konsumgläubigen und popkulturellen Amerika zu dem, was man heute als den typischen grafischen Stil im (West-)Deutschland der 60er-Jahre bezeichnen kann.

< S. 41 Das Bachelor/Master-System

Die politische Übereinkunft in der EU, das System der Bachelor- und Masterstudienprogramme flächendeckend einzuführen, nennt sich »Bologna-Prozess«. Über Sinn oder Unsinn dieser Reform zu debattieren, ist müßig, da der Prozess nicht umkehrbar ist (auch wenn sich einige Hochschulen und Studienfächer – zum Teil durchaus erfolgreich – noch immer gegen eine Implementierung sträuben). Unstrittig ist allerdings, dass die Abschaffung der Diplomstruktur zu Lasten der künstlerisch/kreativen Studieninhalte ging und geht.

< S. 43 Bruce Mau

Der Kanadier Bruce Mau ist weltweit einer der bekanntesten Designer, die zugleich als Gestalter und Autoren auftraten. Beispielhaft sind das Buch »S, M, L, XL«, das er 1995 mit dem Architekten Rem Koolhaas (Office for Metropolitan Architecture, OMA, Rotterdam, Niederlande) konzipierte sowie »Life Style«, in dem zahlreiche Projekte des Designers dokumentiert sind. (40)

< S. 43 Gestaltung ist immer ein Spiegelbild der Gegenwart

Es gehört zu den Binsenweisheiten in der Gestaltung, dass Design ein Spiegelbild der Gesellschaft ist – an gestalterischen Produkten lässt sich die jeweilige politische, ökologische und kulturelle Stimmung ablesen. Jeder, der sich beispielsweise Konzertplakate von Pop-Gruppen aus den 60er-Jahren anschaut und sie mit Plakaten der 90er-Jahre vergleicht, kann dies nachvollziehen. Die Farben, die Formen, die Typografie, aber auch veränderte technische Bedingungen – all diese Faktoren sorgen für ein unverwechselbares Zeitzeugnis. Es ist aber eben nicht nur das visuelle Vokabular, das seinen Zeitbezug verrät, es ist auch die gesellschaftliche Verfasstheit, die – sozusagen »zwischen den Zeilen« – hervorlugt. Die 60er-Jahre waren unter anderem geprägt vom Kalten Krieg der West- und Ostmächte, Vietnam, der Popkultur, Protesten, der individuellen Befreiung aus der bürgerlichen Zwangsjacke, Drogenkonsum,

Spießigkeit und Wirtschaftswachstum. Die 90er-Jahre waren geprägt vom Ende des Kalten Krieges, einer wirtschaftlichen Liberalisierung, bahnbrechenden technischen Innovationen und der einhergehenden Feier des Individuums als Zeichen des postmodernen Lifestyles. Die gesellschaftliche Verfasstheit im Jahr 2014 lässt sich hier nur rudimentär analysieren, aber fest steht, dass angesichts mannigfaltiger Herausforderungen (digitale Ausforschung, religiös motivierte Konflikte, individuelle Transparenz durch die sozialen Netzwerke und das Internet, ökologische Krisen, Konkurrenzdenken, Existenzängste bei hohem Lebensstandard, ideologiearme politische Diskurse, Information Overkill, technische Innovationen ungekannten Ausmaßes usw.) Begriffe wie Übersichtlichkeit, Glaubwürdigkeit, Verantwortung, Nachhaltigkeit und gar Entschleunigung zu zentralen Anliegen geworden sind – zumindest in Deutschland. Die rebellische Geste der 60er-Jahre, die optimistische Feier des Egos in den 90ern – sie sind einer nüchternen, problem- und prozessorientierten, aber dennoch kreativen Haltung gewichen. Designer nehmen in zahlreichen Projekten das Heft in die Hand, erfinden neue Kommunikations-, Produktions- und Ausdrucksformen unter ausgiebiger Nutzung der aktuellen technischen Möglichkeiten. Der interdisziplinäre Charakter vieler Projekte zeigt, dass Designer ihre Kernkompetenz neu definieren – Es geht nicht mehr allein um das Bearbeiten von Oberflächen, sondern darum, sich mit dem designerischen Denken – dieser Mischung aus Intuition, Konzeption und Handwerk – einzubringen. Und zwar kollaborierend und partizipativ.
Wenn aber so viel Energie in gemeinschaftliches Handeln fließt, dann braucht es – quasi als Gegenstück – auch den individuellen Ausweis »künstlerischen Schaffens«, mit dem man aus dem Feld der Konkurrenz herausstechen will. So ist zu erklären, warum viele grafische Arbeiten die Nähe zur Kunst suchen, wo sie sich nicht rechtfertigen müssen. Das Zusammenspiel von Pragmatismus, Kollaboration und individueller Vermarktung ist zeittypisch für 2014.

(40)
S, M, L, XL

Rem Koolhaas, Bruce Mau
The Monacelli Press, New York 1997,
ISBN 978-1-885254-86-3. In englischer Sprache

Das Buch reflektiert die Arbeit des Architekturbüros OMA, inszeniert vom kanadischen Grafiker Bruce Mau. Im Vorwort definieren Koolhaas und Mau ihre Zusammenarbeit als »hybrid authorship«. Das Buch ist ein Beispiel für praktizierte Autorschaft von Designern.

A

(41) **Richard Paul Lohse: Konstruktive Gebrauchsgrafik**

(42) **Josef Müller-Brockmann. Ein Pionier der Schweizer Grafik**

(43) **Kompendium für Alphabeten – Semantik der Schrift**

(44) **Helvetica DVD**

(45) **Adrian Frutiger – Schriften Das Gesamtwerk**

(46) **Schweizer Grafik Die Entwicklung eines internationalen Stils 1920–1965**

(04) **Typographie**

(08) **Wolfgang Weingart: Typography**

(47) **Typografie: Makro- und Mikroästhetik**

(23) **Typoundso**

(48) **Altitude: Contemporary Swiss Graphic Design**

(49) **Die Deutschen und ihre Nachbarn: Niederlande**

(50) **False Flat. Why Dutch Design is so good**

(51) **Dutch Type**

(52) **twen**

(53) **Wo der Buchstabe das Wort führt**

(24) **Anarchie der Zeichen**

(54) **Hallo, ich bin Erik**

(55) **EMIGRE No. 70 The Look Back Issue**

(27) **The graphic language of Neville Brody**

(28) **The graphic language of Neville Brody 2**

(56) **Typography Now: The Next Wave**

(57) **Typography Now Two: Implosion**

(29) **The end of print, Band 1**

(58) **www.meireundmeire.de**

(59) **www.Strichpunkt-design.de**

(60) **Retrodesign**

(61) **www.hort.org.uk**

(62) **www.vier5.de**

(63) **Pretty Ugly: Visual Rebellion in Design**

(64) **Hipster: Eine transatlantische Diskussion**

László Moholy-Nagy
Jan Tschichold
Funktion und Form
funktionale Typografie
Stil der Moderne
Akzidenz Grotesk
HfG Ulm
Schweizer Stil
Max Bill
Richard Paul Lohse
typografischer Raster
Josef Müller-Brockmann
Karl Gerstner
Konstruktive Grafik
Helvetica
Univers
Schweizer Grafik
Emil Ruder
integrale Typografie
International Swiss Style

Fotosatz
Rastertypografie
Wolfgang Weingart
Hans-Rudolf Lutz
Neue Schweizer Typografie
Holländisches Design
individuelle Freiheit
Das holländische Prinzip
Calvinist Expressionism

internationale Trends
HfG Ulm
twen
Willy Fleckhaus
Heinz Edelmann
Punk
Paradigmenwechsel
New Wave-Ästhetik
Phänomen des Plünderns
Apple Macintosh
Desktop-Publishing
Erik Spiekermann
Meta Design
Neville Brody
Emigre
Stilistische Experimentierfreude
Grunge Typography
Ray Gun
Sachliche Typografie

Arena
brand eins
Mike Meiré
zyklische Stilwiederholungen
Strichpunkt
Neoschweizer Stil
HORT
Das sichtbar Unperfekte
Vier5
Hipsterdesign
Gestus der Rebellion
Type Hypes
avantgardistische Ansprache
Zeitgeist-Gestaltung

3 Typografie ist Stil.

Wenn Länder Marken werden: The International Swiss Style & Dutch Design –– Deutsche Beispiele und internationale Einflüsse –– Postmoderne Gewitter weltweit –– Das Phänomen des Gegenteils: wild wird ruhig, digital wird analog, ruhig wird wild und so weiter –– Der Zeitgeist und wo er hingehört.

(41)
Richard Paul Lohse: Konstruktive Gebrauchsgrafik

Richard Paul Lohse-Stiftung (Hrsg.)
Hatje Cantz Verlag, Ostfildern 1999,
ISBN 978-3-7757-0767-1

Lohses systematisch-konstruktive Kunst beeinflusste nachhaltig seine grafischen Auftragsarbeiten. Sie haben das Phänomen des International Swiss Style entscheidend geprägt.

»Typografie ist ein Instrument der Mitteilung. Sie muß eine klare Mitteilung in der eindringlichsten Form sein.«[1] Das Zitat von Moholy-Nagy offenbarte den Wunsch nach der unbestechlichen Form zugunsten einer »reinen« Informationsübermittlung. Da unter diesem zwingenden Diktat jeder Gestalter etwas anderes verstehen mochte, versuchten Typografen wie Jan Tschichold entsprechende Regeln aufzustellen.
Es entstand eine Ästhetik, die aus dem Einklang von Funktion und Form resultierte. Während der Nazizeit überwinterte diese elementare oder funktionale Typografie in der neutralen Schweiz. Sie konkurrierte dort mit einem Stil, der sich qua Eigendefinition als »fließend, leicht, transparent, frei und ungebunden« verstand und der mit seinen illustrativen Mitteln eher emotional wirken wollte. In den 40er- und beginnenden 50er-Jahren war der Stil der Moderne also durchaus kein Selbstgänger. Er war anonym, geometrisch und fotografisch, verwendete (fast) immer
□ S.146 die Schrift *Akzidenz Grotesk* □ und bildete so den Gegenpol zum literarisch/illustrativen Mainstream jener Jahre.

Während in Deutschland nach der Befreiung die bereits zitierte Entwicklung der HfG Ulm für das Erneuerungsbedürfnis einer international ausgerichteten Avantgarde stand, sorgte in der Schweiz eine ökonomische Besonderheit für die formale Fortschreibung der funktionalen Typografie: die Ballung chemischer und pharmazeutischer Unternehmen (Ciba, Geigy, Hoffmann-La Roche, Sandoz) und deren Anforderungen an die Visuelle Kommunikation. Vor allem das Unternehmen Geigy war es, das den anonymen Stil für sich nutzte. Er war für ein solches Unternehmen wie geschaffen: Objektivität in der Werbung (durch sachliche Typografie und durch die Verwendung von Fotografien an Stelle von Illustrationen), klare Strukturen in den vielfältigen Produktinformationen. Geigy wie auch ihre Konkurrentinnen waren Firmen, die weltweit agierten. Viele der Grafiker, die – ausgebildet an der Allgemeinen Gewerbeschule Basel – für Geigy die visuelle Kommunikation betrieben, wechselten daher in Auslandsdependancen und exportierten mit ihrem Wechsel ihre Auffassung von Typografie in die ganze Welt, vor allem aber in die USA. Es wäre jedoch zu kurz gegriffen, den sich herausbildenden Schweizer Stil der 50er-Jahre auf das eben beschriebene Phänomen zu beschränken. Wie bereits in den 20er-Jahren war auch in den Nachkriegsjahren die Beziehung zwischen Kunst, Architektur und visueller Kommunikation spürbar. Insbesondere die abstrakte Malerei der Konkreten Kunst beeinflusste die Typografie. Es waren Max Bill und Richard Paul Lohse **(41)**, die den politisch/ästhetischen Anspruch an Gestaltung fortschrieben. Lohse: »Die wesentliche Aufgabe in Kunst und Architektur ist die Entwicklung flexibler modularer Systeme (…) Serielle und modulare Strukturen werden das Konstruktionsgesetz unserer Zeit sein, und unsere Aufgabe wird darin bestehen, diese Systeme zu beherrschen. Hinter uns liegen die vertrauten Gefilde (…) einfacher Beziehungen und Proportionen. Vor uns das Feld des unendlichen Gesetzes und der unendlichen Flexibilität«.[2] Der Begriff modulare Strukturen verweist auf eine weitere Besonderheit der Schweizer Grafik: den typografischen Raster. Die Verwandtschaft zwischen

1 Moholy-Nagy, László: Die neue Typografie (1923); In: Staatliches Bauhaus Weimar 1919–1923; hrsg. vom Staatlichen Bauhaus Weimar; Reprint der Ausgabe Weimar/München 1923. München 1980

2 In: Hollis, Richard: Schweizer Grafik; siehe Buchempfehlung A3/43

(43)
Kompendium für Alphabeten – Systematik der Schrift

Karl Gerstner
Verlag Niggli, Sulgen 1972,
4. Auflage 2000, ISBN 978-3-7212-0236-6

Karl Gerstner zeigt auf eine einfache und anschauliche Weise, was Typografie kann. Zitate von Philosophen untermauern die enge Verbindung von Sprache und Schrift.

(46)
Schweizer Grafik

Die Entwicklung eines internationalen Stils 1920–1965.

Richard Hollis
Birkhäuser Verlag, Basel 2006,
ISBN 978-3-7643-7267-5

Der Autor beleuchtet das Phänomen des Internationalen Schweizer Stils. Das Buch bietet einen umfassenden Überblick über die Anfänge, die Entwicklungen und das grafische Werk der Protagonisten von 1920 bis 1965.

(44)
Helvetica DVD

Gary Hustwit
Plexifilm, 2007, ASIN B000VWEFP8.
In englischer Sprache optional mit deutschen Untertiteln.

Filmdokumentation aus Anlass des 50. Geburtstages der Helvetica. Eine Hommage an eine der weltweit am häufigsten verwendeten Schriften. Interviews mit renommierten Typografen offenbaren, warum sie die Helvetica verehren, lieben oder hassen.

(45)
Adrian Frutiger – Schriften Das Gesamtwerk

Heidrun Osterer, Philipp Stamm (Hrsg.)
Birkhäuser Verlag, Basel 2014,
ISBN 978-3-7643-8576-7

Das Leben und Werk eines der wichtigsten Schriftgestalter der letzten 60 Jahre, zusammengefasst in einem umfangreichen Buch. Mit zahlreichen Studien und Detailinformationen zur Entwicklung seiner Schriften.

(42)
Josef Müller-Brockmann. Ein Pionier der Schweizer Grafik

Lars Müller (Hrsg.)
Lars Müller Publishers, Baden 1994,
2. Auflage 2001, ISBN 978-3-907078-59-4

Das Buch zeigt das umfangreiche grafische Werk des berühmten Gestalters aus den 50er- und 60er-Jahren. Müller-Brockmann gilt als eine der Leitfiguren der Schweizer Grafik jener Jahre.

(08)
Weingart: Typography

siehe S.15

(04)
typographie

siehe S.17

Architektur und Typografie ist mehrfach beschrieben worden, nirgends war sie jedoch so augenfällig wie bei der Konstruktion von Seitenlayouts, die in ihrer schematischen Struktur an die Fassadenentwürfe von Zweckbauten erinnerten (häufig wird auch Mondrians Malstil in diesem Zusammenhang genannt). Josef Müller-Brockmann **(42)** und Karl Gerstner **(43)** hatten sich früh dieses Themas angenommen. Die Bemühungen um eine sinnvolle Organisation vieler Informationen auf begrenzter Fläche hatte auch ganz pragmatische Gründe: die Dreisprachigkeit der Schweiz. Diese Konstruktive Grafik, wie sie in den 50er-Jahren entstand, verstanden ihre Protagonisten als eine logische Weiterentwicklung der Modernen Bewegung. In den Folgejahren verfestigte sich die typografische Schweizer Machart zunehmend als Stil, der weltweit □ S. 146 seinen Siegeszug antrat, die Schrift *Helvetica* □ (Entwurf: Max Miedinger) **(44)** im Gepäck, die zu einer der meistverwendeten Schriften werden sollte. Sie war die Nachfolgerin der bis dahin fast ausschließlich □ S. 146 verwendeten *Akzidenz Grotesk* □. Die fast zeitgleich mit der Helvetica □ S. 146 auf den Markt gebrachte *Univers* □ (Entwurf: Adrian Frutiger) **(45)** wirkte trotz formaler Ähnlichkeiten lebendiger und weniger »anonym«. Sie wurde seltener verwendet als die *Helvetica*, wenngleich ihr eine größere Schriftqualität nachgesagt wurde.

Die Schweizer Grafik **(46)** zeichnete ihre Klarheit und formale Schönheit aus. Als Stil war sie nicht gefeit gegen Kritik, vor allem in der Schweiz selbst. Der Vorwurf der »extremen Starre« vieler Entwürfe mündete in der Aussage »Form ohne Funktion ist Formalismus«. Emil Ruder, der 1967 das Buch »Typographie« **(04)** veröffentlichte, hatte an der Weiterentwicklung der Schweizer Grafik ebenso Anteil wie Karl Gerstner, der Mitte der 60er-Jahre den Begriff Integrale Typografie prägte und in dessen Definition eine Bilanz der typografischen Debatte des 20. Jahrhunderts zu sehen ist: »Die Freiheit des Entwerfers liegt nicht am Rand seiner Aufgabe, sondern in deren Mittelpunkt. Erst dann ist der Typograf frei, etwas Künstlerisches zu leisten, wenn er seine Aufgabe in allen ihren Teilen versteht und denkt. Und jede auf dieser Grundlage gefundene Lösung wird eine integrale sein, wird eine Einheit von Sprache und Schrift, von Inhalt und Form bilden.«[3] Der International Swiss Style prägte die Gestaltung bis in die 70er-Jahre. Mit der Gesellschaft veränderte auch er sich im Laufe der Zeit, technische Neuerungen wie die Einführung des Fotosatzes taten ihr Übriges. Typisch für ihn (und seine Vorläufer in den ersten Jahrzehnten des 20. Jahrhunderts) war die Rationalität, die seiner Gestaltung zu Grunde lag. Diese bewusst »emotionslose«, auf scheinbare Objektivität ausgerichtete Gestaltung machte ihn so anziehend – und so gut kopierbar. Die Rastertypografie eines Josef Müller-Brockmann oder Karl Gerstner gehört noch heute zur typografischen Ausbildung und ist so elementar wie die Statik beim Häuserbau. Der Internationale Schweizer Stil wurde bereits in den 60er-Jahren variantenreich interpretiert, zum Beispiel von Wolfgang Weingart **(08)**, einem Deutschen, der früh in Basel als Lehrer tätig wurde. Seine Gestaltung verließ die rationale Strenge, die neue Fotosatztechnik erlaubte ihm einen spielerischen Umgang mit den

3 In: Hollis, Richard: Schweizer Grafik; siehe Buchempfehlung A3/43

(47)
Typografie: Makro- und Mikroästhetik

Grundlagen zur typografischen Gestaltung.

Willi Kunz
Verlag Niggli, Sulgen, 2. Auflage 1998,
ISBN 978-3-7212-0342-4

Ein Lehrbuch, das typografisches Basiswissen vermittelt. Darüber hinaus beleuchtet die Analyse von Plakaten die Informationsstrukturen, die Flächenorganisation sowie typografische Mikro- und Makrohierarchien.

(48)
Altitude: Contemporary Swiss Graphic Design

Robert Klanten, Nicolas Bourquin,
Claudia Mareis (Hrsg.)
Die Gestalten Verlag, Berlin 2006,
ISBN 978-3-89955-160-0.
In deutscher und englischer Sprache.

»Altitude« ist eine Werkschau Schweizer Grafikdesigns, beginnend um die Jahrtausendwende bis 2006. Das Buch dokumentiert anhand verschiedener Projekte und Protagonisten die Entwicklung, die das Schweizer Grafik Design in diesen Jahren durchlaufen hat.

(49)
Die Deutschen und ihre Nachbarn: Niederlande

Geert Mak
Verlag C. H. Beck, München, 2. Auflage 2008,
ISBN 978-3-406-57855-7

Der Autor reflektiert im Rahmen einer Reihe über europäische Nachbarn die geschichtlichen Hintergründe und mentalen Besonderheiten der Niederlande.
Gut geeignet zum Verständnis der niederländischen Mentalität.

(23)
Typoundso

siehe S.38

klassischen Elementen der Schweizer Typografie. Die Weingart'sche Gestaltung beeinflusste viele Studierende, zu den bekanntesten zählen der Schweizer Willi Kunz **(47)** und die Amerikanerin April Greiman. Ebenfalls beginnend in den 60ern löste sich mit Hans-Rudolf Lutz **(23)** ein weiterer Schweizer von dem starren Kanon des International Swiss Style. Auch er war ein bekannter Lehrer (in Zürich), auf dessen Workshops sich der amerikanische Gestalter David Carson berief, als er gefragt wurde, was sein Interesse an Typografie geweckt habe. Auch wenn in den vergangenen Jahrzehnten der International Swiss Style weitgehend verschwunden ist (von wiederkehrenden kleinen Revivals einmal abgesehen), so ist doch eine gewisse Rationalität und Strenge in den zeitgenössischen Schweizer Arbeiten heute noch zu spüren. Das gilt auch für die so genannte »Neue Schweizer Typografie« **(48)**, die sich Ende der 90er-Jahre zu etablieren begann (beispielhaft zu nennen sind Büro Destruct, Norm und Martin Woodtli). Neue Displayschriften, vektorbasierte Grafiken und Illustrationen können in ihrer gestalterischen Opulenz nicht darüber hinwegtäuschen, dass es ein spezifischer schweizerischer Stil ist, der seine Sozialisation durch die Designgeschichte des Landes nicht leugnen kann.

Neben dem Schweizer Design gibt es einen weiteren Designstil, den man unmittelbar mit einem Land in Verbindung bringt und der als »Marke« weltweit bekannt ist: das holländische Design. Es gilt als mutig, expressiv, raffiniert und funktional, und zwar meistens in der Kombination dieser Attribute. Auf die Frage, ob dies in anderen Ländern nicht auch der Fall sei, lautet die Antwort: gelegentlich schon, aber nicht in dieser flächendeckenden Art und Weise. In Deutschland beispielsweise sind Formulare des Finanzamtes vor allem eines – in abweisendem Ton gehaltene, schlecht gestaltete Formulare mit dem Charme der behördlichen Anweisung, sie möglichst untertänig auszufüllen. Die Botschaft, die hier vermittelt wird, lautet: kleiner Bürger, mächtiger Staat. In den Niederlanden ist das ganz anders: Dort sind auch alltägliche Kommunikationsmittel wie Formulare von Designern gestaltet worden. Und die haben sich offensichtlich gefragt: Muss man nicht mehr Hilfen geben, kann man Ausfüllwünsche nicht auch freundlich formulieren, kann dem Bürger nicht beim Ausfüllen das Gefühl gegeben werden, er sei der Souverän und der Staat sein Dienstleister? Entsprechend gut gestaltet sehen die Formulare aus und entsprechend gut findet man sich zurecht. Es ist leicht vorstellbar, dass ein solches Designbewusstsein auch den Rest des Landes prägt. Das beginnt mit der Verkehrsbeschilderung (eigens entwickelte Schrift, raffinierte und typografisch anspruchsvolle Umsetzung) und endet bei den Briefmarken. Aber wie kommt das? Sind Holländer designbesessene Menschen? Die Antwort hat damit zu tun, dass die Traditionen, Werte und Besonderheiten einer Gesellschaft die Gestaltung stark prägen. Man könnte sagen: So wie man lebt, gestaltet man **(49)**.

Mutig, expressiv, raffiniert und funktional ist das holländische Design also. Hier ein kleiner Erklärungsversuch, warum das so ist. Die Niederlande sind eine Seefahrernation und als solche im Umgang mit anderen

(50) False Flat. Why Dutch Design is so good

Aaron Betsky, Adam Eeuwens
Phaidon Press, London 2004,
ISBN 978-0-7148-4069-7.
In englischer Sprache.

Das Buch erklärt, warum das holländische Design wurde, was es ist und warum es weltweit eine solch große Beachtung findet. Es werden historische, politische, soziale, ästhetische und kulturelle Faktoren beleuchtet.

(51) Dutch Type

Jan Middendorp
010 Publishers, Rotterdam 2004,
ISBN 978-90-6450-460-0.
In englischer Sprache.

Das Buch bietet einen umfassenden Überblick über die Typografiegeschichte der Niederlande und ihre berühmte Tradition der Schriftgestaltung. Mit zahlreichen Schriftskizzen, Schriftmustern, Lettering- und Typografiebeispielen.

Kulturen vertraut. Sie stehen im ewigen Kampf mit dem Meer, dem sie einen Großteil ihres Landes abgetrotzt haben. Ein holländisches Sprichwort sagt: »Gott schuf die Welt, die Holländer aber schufen Holland«. Seine 17 Millionen Einwohner leben in einem der dichtbesiedelsten Länder der Erde. Die protestantisch/humanistisch geprägte Kultur, die Enge und der Existenzkampf um Land fordern Organisation und Einfallsreichtum, aber auch Toleranz und Konsenswillen. So viele gemeinschaftliche Tugenden brauchen ihr Gegenstück – als Ventil, wenn man so will: Es ist der sich offenbarende Individualismus, der auf große gesellschaftliche Akzeptanz stößt, wenn nicht sogar Teil eines »Common Sense« ist. Ein Beispiel: das hohe Gut der »individuellen Freiheit«. Jeder kulturellen, religiösen oder politischen Vereinigung ist es möglich, eigene Schulen, eigene Zeitungen und Radiosendungen zu unterhalten. Dieser staatlich garantierte Pluralismus soll die Toleranz gegenüber Andersdenkenden festigen. Die Bereitschaft zum Konsens ist fast programmatisch zu nennen, denn das Gemeinwesen muss gruppenübergreifend organisiert werden. In dieser Struktur divergierender Positionen, Ideologien und Religionen versteht sich der Staat als Moderator, der nicht über Werte, wohl aber über Strukturen befindet.

* Ideal und Alltag in den Niederlanden
> S.66

Die aufgeführten Besonderheiten sind Indizien für eine lange bürgerliche Tradition. Und tatsächlich gab es in der Geschichte der Niederlande keine den Nachbarländern vergleichbare feudale Struktur. Den dortigen Stellenwert des Adels in puncto Macht und Besitz beanspruchte in den Niederlanden die Kaufmannschaft für sich. Besonders gut zu betrachten ist das am prosperierenden goldenen 17. Jahrhundert, als die Niederlande eine der führenden Handelsnationen der Welt waren. Zurück zu den Niederlanden heute. Die Rolle der staatlichen Institutionen im infrastrukturellen und kulturellen Bereich ist wegweisend:
Sie erkennen den Bedarf an Gestaltung und ergreifen die Initiative. Sie sorgen als Moderatoren dafür, Aufgaben an die Besten einer Disziplin zu delegieren, indem sie den Ratschlägen kompetenter Fachleute vertrauen. So kommt es, dass staatliche Formulare von guten Kommunikationsdesignern gestaltet werden und deshalb nicht so aussehen wie die in Deutschland. Das holländische Prinzip ist ein Glücksfall für die visuelle Alltagskultur (50, 51). Begünstigt wird es durch die begrenzte Größe des Landes. Entsprechend ausgebaut ist das Netzwerk der Beziehungen zwischen Designern, Agenturen, Hochschulen und kulturellen Einrichtungen. Die Designausbildung ist wie in allen anderen europäischen Ländern gegliedert in Bachelor- und Masterstudiengänge. Das Besondere an den Masterprogrammen ist, dass dort viele kulturelle und kommunale Aufträge bearbeitet werden – man sollte besser sagen: bearbeitet werden können. Denn im Gegensatz zu den Verhältnissen hierzulande genießen die kreativen Ausbildungsstätten in Holland hohes Ansehen und werden geschätzt wegen ihrer Autonomie. Entsprechend groß ist die Akzeptanz der Gestaltungsergebnisse, wie unkonventionell sie auch ausfallen mögen. Der Staat ist nicht nur für die Hochschulen zuständig, er lässt sich auch von Berufsanfängern in die Pflicht nehmen. Wohl einzigartig ist das System finanzieller Unterstützung für Berufsanfänger, die nicht-profitorientierte Designprojekte

(52)

twen

Revision einer Legende

Michael Koetzle
Klinkhardt & Biermann, München 2. Auflage
2001, ISBN 978-3-7814-0392-5

Der Katalog entstand anlässlich einer Ausstellung in München. Der Weg der twen wird in verschiedenen Essays noch einmal nachgezeichnet, begleitet von vielen Abbildungen.

(und nur solche) gesponsert bekommen können, wobei unkonventionelle und nonkonforme Projektideen ausdrücklich erwünscht sind. Viele der heute bekannten Designbüros und Typografen haben sich in dieser Phase einen Namen gemacht und den Grundstein für eine erfolgreiche berufliche Entwicklung gelegt. Aus deutscher Sicht mutet es schon etwas seltsam an, was in den Niederlanden geschieht: Ein scheinbar omnipotenter Staat zieht sich seine »Rebellen« heran, von deren Unangepasstheit er sich einen Zugewinn für die Gemeinschaft verspricht. Ob die »Rebellion« wirklichen Widerspruchsgeist in sich trägt oder nur eine formale Geste ist: Das sind Diskussionen, die an die Niederlande eher von außen herangetragen werden. Der Calvinist Expressionism kommt sozusagen aus der Mitte der Gesellschaft und ist ein mentalitätsbedingtes Phänomen. Dieses Phänomen zu einer Marke gemacht zu haben, ist ebenfalls typisch holländisch.

* Anmerkungen zur nordamerikanischen Gestaltung > S.66

Die Schweiz und die Niederlande sind sehr homogene und gut dokumentierte Beispiele. Beide Länder haben es geschafft, ihre Gestaltungsstile zu Exportschlagern zu machen. Wenn auch weniger ausgeprägt, kann man jedoch jedem Land seine gestalterische Sozialisation ansehen. Es gibt sie: die typisch nordamerikanische, die typisch französische oder die typisch deutsche Gestaltung.

Wenn man sich die Typografie der letzten 60 Jahre in Deutschland genauer anschaut, ergibt sich ein Mosaik aus vielen, vom jeweiligen Zeitgeist inspirierten Stilen, die immer mit einem gesellschaftlichen, kulturellen oder technischen Wandel einhergingen und die stark verflochten waren mit internationalen Trends und Moden. Über die inhaltlichen und gestalterischen Positionen der HfG Ulm wurde ja im vorangegangenen Kapitel berichtet. Diese Positionen waren aber durchaus kein Allgemeingut in einer Nachkriegsära, in der der Rückzug ins Private, Heimelige und Spießige helfen sollte, die Schmach des Nazideutschland vergessen zu machen. Die 50er-Jahre waren geprägt von dem Wunsch nach »Normalität« und dem Streben nach wirtschaftlichem Erfolg. Es war aber auch eine Zeit, in der Frauen noch kein eigenes Konto ohne die Zustimmung des Ehemannes eröffnen konnten, Homosexualität unter Strafe stand, ebenso wie außerehelicher Sex unter 21 Jahren, eine Zeit also, die rebellisches Verhalten geradezu herausforderte. Vor diesem Hintergrund entstand twen **(52)**. In dem Magazin, 1959 entworfen von den Gestaltern Willy Fleckhaus und Heinz Edelmann, ging es um Mode, Musik, politische Fragen und Sexualität, also um Themen, die, wie sein Titel ankündigt, ein junges Publikum im Visier hatten. Das Magazin galt als provokant, weil es Position bezog in der Aufarbeitung der Nazizeit und weil es kritischen politischen Positionen eine Plattform bot. twen hat Designgeschichte geschrieben: mit einem modernen Layout, das schweizerische Kühle mit den Attitüden der Popkultur verband. Das Magazin war mit seinen opulenten Fotostrecken und den extremen typografischen Größenkontrasten einzigartig und begründete einen Stil, der sich prägend auf die grafische Szene der 60er- und 70er-Jahre auswirkte. 1971 wurde twen aus wirtschaftlichen Gründen eingestellt. Vor dem Hintergrund des kulturellen und politischen Klimas Mitte der

(53)
Wo der Buchstabe das Wort führt

Ansichten über Schrift und Typographie.

Kurt Weidemann
Verlag Hatje Cantz, Ostfildern, 2. geänderte Auflage 1997, ISBN 978-3-89322-521-7

Kurt Weidemann, einer der bekanntesten Typografen Deutschlands, reflektiert seine Gedanken zur Typografie, seine kritische Haltung gegenüber postmoderner Gestaltung und stellt eine Vielzahl eigener Arbeiten vor.

(24)
Anarchie der Zeichen

siehe S.38

(54)
Hallo ich bin Erik

Erik Spiekermann: Schriftgestalter, Designer, Unternehmer

Johannes Erler
Die Gestalten Verlag, Berlin 2014, ISBN 978-389955-527-1

Das Buch stellt mit Erik Spiekermann einen der bekanntesten zeitgenössischen Typografen und Designer vor. Das umfassende Werk berichtet von seinem Leben und dokumentiert seine wichtigsten Projekte.

70er-Jahre entstand – beginnend in New York, etwas später in Großbritannien und auch in Deutschland Fuß fassend – eine Subkultur, die erstmals eine autonome und selbst verantwortende visuelle Sprache entwickelte: der Punk. Sowohl in der Musik und Mode als auch in der Typografie stellte der Punk eine Attacke auf die bürgerlichen Normen und Ordnungsprinzipien dar (siehe auch Kapitel A2). An der individuellen Widerborstigkeit der Punkästhetik ließ sich ein Paradigmenwechsel ablesen, der postmoderne Züge in sich trug. Bezogen auf die Typografie bedeutete dies eine vielfältige Rebellion gegen handwerkliche Gewissheiten, die aggressive grafische Form ignorierte jede Regelkunde. Der »Fehler« wurde zum identitätsstiftenden Gestaltungsmerkmal. Während die Punk-Typografie über die 70er-Jahre hinaus ein subkulturelles Phänomen blieb, entwickelte die aus ihr hervorgegangene New Wave-Ästhetik der 80er-Jahre eine Wirkung, die auch den kommerziellen Bereich erfasste. Die ausgewiesene Subjektivität der Gestaltung (zum Beispiel in Form typografischer Experimente jenseits der Lesbarkeit) konterkarierte die damalige Gestaltungsauffassung der meisten etablierten Typografen nicht nur in Deutschland. Wurde doch das Credo der Moderne und damit der Funktionalen Typografie – die klare und eindeutige Vermittlung von Botschaften – auf den Kopf gestellt. Für Traditionalisten war diese Entwicklung, die bereits in den 60er-Jahren durch Gestalter wie Wolfgang Weingart partiell eingeleitet worden war, eine zeitgeistige Marotte mit eingebautem Verfallsdatum (53). In der Kritik stand auch das augenfällige Phänomen des »Plünderns«, das der Kulturkritiker John Savage (GB) anprangerte, als er 1983 das »Age of Plunder« ausrief. Denn zahlreiche Arbeiten der 80er-Jahre zitierten Gestaltungselemente vergangener Stilepochen. So wurden beispielsweise Arbeiten El Lissitzkys für Plattencover verwendet und mit einer neuen, meist kommerziellen Botschaft verbunden. Die postmodernen Designer jedoch waren frei von Gewissensbissen. Ungeachtet aller Kritik sahen sie in der Typografie das Potential zum Ausleben des eigenen künstlerischen Ausdrucks – zuweilen auch jenseits verpflichtender Kommunikationszwänge (24).

* Kurt Weidemann und der Zeitgeist
> S.66

Begünstigt wurde diese Entwicklung durch eine technische Innovation ersten Grades. Mitte der 80er-Jahre betrat der Apple Macintosh in den USA die Bühne, der erste PC mit einer grafischen Oberfläche. Seine einfache Handhabung sowie die Bereitstellung von Grafikprogrammen veränderten die Gestaltung weltweit. Während viele Grafikdesigner in der Einführung des Desktop-Publishing (DTP) den endgültigen Niedergang der Typografie sahen, gab es Zeitgenossen, die versuchten, gestalterische Qualität und neue Technik in Einklang zu bringen. Da der Apple Macintosh in Deutschland um einige Jahre verzögert auf professioneller Ebene Fuß zu fassen begann, etablierte sich ein reger Erfahrungsaustausch auf internationaler Ebene, der auch gestalterisch befruchtend wirkte. Es war das von dem Autor, Typografen und Schriftentwerfer Erik Spiekermann gegründete Büro Meta Design in Berlin, das sich zum Treffpunkt vieler Gestalter aus den USA, England und den Niederlanden entwickelte (54).

* Erik Spiekermann über »Ordnung« und »synthetische« Typografie
> S.66

(55)
EMIGRE No. 70 The Look Back Issue

Rudy VanderLans
Gingko Press, Berkeley 2009,
ISBN 978-1-58423-367-1. In englischer Sprache.

Das Buch ist ein »Best of« anlässlich des 25-jährigen Jubiläums des einflussreichen kalifornischen Independent-Designmagazins (die letzte Ausgabe Nr. 69 erschien 2005).

(56)
Typography Now: The Next Wave

Rick Poynor, Edward Booth-Clibborn
Gingko Press, Berkeley 1993,
ISBN 978-3-927258-19-8. In englischer Sprache.

Das Buch zeigt internationale grafische Arbeiten aus den 1980er-Jahren bis 1990, dem Zeitraum, in dem der Computer zum bestimmenden Werkzeug wurde. Sie untermauern die Thesen Rick Poynors zur postmodernen Typografie, die er in seinem Buch »Anarchie der Zeichen« dargelegt hat.

(57)
Typography Now Two: Implosion

Rick Poynor
Booth-Clibborn Editors, London 1996,
ISBN 978-1-873968-61-1. In englischer Sprache.

Die abgebildeten Arbeiten der frühen 90er-Jahre zeigen rauhe Grunge- und glatte Cyber-Typografie. Sie dokumentieren eine Haltung, die traditionelle Lesekonventionen bewusst brechen wollte und Typografie als eigenständiges und experimentelles Stilmittel verstand.

(27)
The graphic language of Neville Brody

siehe S.38

(28)
The graphic language of Neville Brody 2

siehe S.38

(29)
The end of print, Band 1

siehe S.38

(58)
www.meireundmeire.de

* Typografie als »kreatives Spielzeug«
> S.67

* Kurt Weidemann und was
er von Neville Brody hielt
> S.67

Der 1990 von Spiekermann, seiner Frau Joan und Neville Brody gegründete Schriftenversand Fontshop International stellte erstmals weltweit Schriften in digitaler Form zur Verfügung – auch solche, mit denen Schrifttraditionalisten so ihre Schwierigkeiten hatten. Besonders innovativ war ein kalifornisches Duo, bestehend aus der Slowakin Zuzana Licko und dem Holländer Rudy VanderLans, die mit Schriften auf Basis der neuen digitalen Technik experimentierten und die mit ihrer Zeitschrift emigre (55) eine Plattform schufen für viele Gestalter. Ihre Schriften teilten die typografische Szene Deutschlands in heftige Gegner und glühende Befürworter. Das galt auch für die Gestaltung von Neville Brody, der seine Schriften für avantgardistische Experimente in der Magazingestaltung benutzte (27, 28). Aus heutiger Sicht erscheint die damalige Aufregung schwer nachvollziehbar, nahmen sich die gestalterischen Experimente Ende der 80er-Jahre doch harmlos aus gegen das, was noch kommen sollte. Leichter verständlich ist die Aufregung, wenn man sich vor Augen führt, dass das typografische Handwerk – jahrhundertelang ausgeführt vom ehrwürdigen Berufsstand der Setzer – nun zunehmend und in häufig schwankender Qualität von Gestaltern ausgeführt wurde, die noch dazu mit Schriften plötzlich Dinge anstellen konnten, die bis dato aus technischen Gründen nicht möglich gewesen waren.

* Kurt Weidemann und was
er von David Carson hielt
> S.67

Aber wo Schatten war, da war auch Licht: Die stilistische Experimentierfreude der 80er- und der 90er-Jahre von Büros wie The Designers Republic, Why not associated, 8vo (alle aus Großbritannien) und Studio Dumbar (Niederlande), von Gestaltern wie Edward Fella (USA) und Max Kisman (Niederlande) oder von Hochschulen wie der Cranbrook Academy of Art (USA) erschien vielen jungen Gestaltern inspirierend, grenzüberschreitend und vor allem nachahmenswert (56, 57). Als weltweites Symbol des Grunge Typography genannten Gestaltungsstils der 90er-Jahre aber fungierte David Carson (29). Die Magazingestaltung (beach culture, Ray Gun) des Amerikaners brach bewusst und endgültig mit den Lesekonventionen, Typografie war nicht mehr die Übermittlung von Informationen im herkömmlichen Sinn, sondern mutierte zu einem formalen Ereignis, wurde Bild. Obwohl er nicht angetreten war, Vorbild zu sein, wurde Carson weltweit kopiert und stand für einen entfesselt wirkenden Gestaltungsstil. Inmitten des visuellen Rausche(n)s geschah dann etwas, das man als ein Phänomen der visuellen Kommunikation bezeichnen kann: die Rückkehr zur ruhigen, sachlichen Typografie. Viele der Gestalter, die mit ihren experimentellen Arbeiten für Aufsehen gesorgt hatten, kehrten zurück zu einfach strukturierten Layouts, so etwa Neville Brody Ende der 80er-Jahre in seiner Funktion als Art Director des britischen Magazins Arena. Ein in Deutschland augenfälliges Beispiel war die Gestaltung des Magazins Econy um die Jahrtausendwende (das wenig später in brand eins umbenannt wurde). Das von Mike Meiré (58) entworfene Layout ist der Nachweis zyklischer Stilentwicklungen, die in einem ewigen Kreislauf einander zu folgen scheinen. Die formale Logik ist zwingend: Wenn alle Welt in einem nahezu einheitlichen Duktus kommuniziert, zieht derjenige die größte Aufmerksamkeit auf sich, der sich vom Mainstream

(59)
www.strichpunkt-design.de

(61)
www.hort.org.uk

(62)
www.vier5.de

(60)
Retrodesign

Achim Böhmer, Sara Hausmann
Verlag Hermann Schmidt Mainz 2009,
ISBN 978-3-87439-726-1

Das Buch zeigt Gestaltungsbeispiele aus verschiedenen Jahrzehnten und öffnet auf diese Weise den Blick für zyklische Trendentwicklungen. Die analytische Zeitreise ist visuelle Designgeschichte.

(63)
Pretty Ugly: Visual Rebellion in Design

TwoPoints.Net (Hrsg.)
Die Gestalten Verlag, ISBN 978-3-89955-423-6.
In englischer Sprache.

Das im April 2012 erschienene Buch zeigt eine Kollektion zeitgenössischer Gestaltung, die sich gern »ugly« nennen lässt, obwohl ihre Gestalter natürlich vom Gegenteil überzeugt sind. Diese »visuelle Rebellion« ist kennzeichnend für eine Haltung, die man mit dem Begriff »Hipster Attitude« umschreiben könnte.

abwendet – oder diesen mit neuen Stilkombinationen anreichert, wie das die Gestalter des Büros Strichpunkt (59) seit Beginn der Nullerjahre taten. Einfach strukturierte Typografie in einer Art »Neoschweizer Stil«, digital basierte Collagen, Lackierungen, Prägungen und weitere haptische Effekte läuteten den nächsten Zyklus ein – den einer gestalterischen Sachlichkeit, die sich wieder mit sinnlichen Elementen umgibt (60).

Ein weiteres und radikaleres Beispiel entspricht dem Prinzip der zyklischen Gegenläufigkeit, wenngleich man seinen Protagonisten Kalkül nicht unterstellen mag. Die Etablierung des Computers hatte im Laufe der Jahre eine mehr oder weniger vereinheitlichende digitale Ästhetik geschaffen. Es war eine Frage der Zeit, wann auch hier gestalterische Kontrapunkte gesetzt würden. Um die Jahrtausendwende setzte der Trend ein, analoge Gestaltungstechniken wiederzuentdecken: Das Büro Eikes grafischer Hort (heute der HORT, Berlin) (61) wurde in Deutschland der Vorreiter für eine collagenhafte, illustrative, vor allem aber aus einem Mix aus handgefertigten und digitalen Elementen bestehende Grafik, die zunächst hauptsächlich im kulturellen Sektor ihre Kunden fand. Das sichtbar Unperfekte verlieh den Arbeiten eine authentische Ausstrahlung, die auf einem rein digitalen Weg nicht zu erzielen war. In die Reihe der Beispiele, die für das latente Bestreben von Designern stehen, etablierte Ausdrucksformen durch den eigenen »künstlerischen Duktus« in Frage zu stellen, gehören auch Arbeiten wie die des Gestalterduos Vier5 aus Paris (62). Bewusst als »fehlerhaft« angelegt (2004), spielte die für das Museum für Angewandte Kunst in Frankfurt am Main entwickelte Typografie mit den Sehgewohnheiten des Publikums und erzeugte eine (durchaus umstrittene) Ambivalenz, die den Charakter des Museums offenbaren sollte. Ähnlich verhielt es sich mit dem temporären Orientierungssystem □ S. 136 der documenta 12 □ in Kassel (2007), dessen typografische Informationen einen stark artifiziellen Duktus aufwiesen, der die Nähe zum Kunstwerk suchte. Die Gestaltung von Mike Meiré und des Büros Strichpunkt sowie die Experimentierfreude der Büros HORT und Vier5 fanden viele formale Nachahmer, wenngleich den Original-Arbeiten – so cool, spielerisch oder radikal sie auch wirkten – stets ein durchdachtes konzeptionelles Fundament zu Grunde lag. Das änderte sich mit der Gestaltung, die unter dem Label Hipsterdesign fungierte. Die Tendenz zum Spiel, zum Regelbruch und zum ästhetischen Sololauf koppelte sich häufig von konzeptionellen und funktionalen Überlegungen ab und gebar manch betörend schöne, aber den Inhalt verschleiernde grafische Arbeit. Das Verzerren von Schriften, der funktionslose Einsatz von geometrischen Applikationen aller Art und die bewusste Ignoranz inhaltlicher Notwendigkeiten trugen den Gestus der Rebellion in sich – allerdings weniger einer inhaltlichen als vielmehr einer rein gestalterischen. Man könnte sich angesichts der formalen Experimente an die 90er-Jahre erinnert fühlen (63). Wie es sich für Trends gehört, ist auch das Hipsterdesign im Abklingen begriffen, nachdem es mittlerweile im Mainstream angekommen ist. In der Avantgarde-Küche der Gestaltung

(64)

Hipster: Eine transatlantische Diskussion

Mark Greif, Tobias Moorstedt
und Niklas Hofmann
Edition suhrkamp, 2012,
ISBN 978-3-518-06173-2

In dem Buch wird das Phänomen des »Hipstertums« untersucht. Die Autoren beschreiben seine Wurzeln, seine Merkmale und unternehmen den Versuch, eine Subkultur einzuordnen, die sich nicht als solche versteht.

stehen längst neue Töpfe auf dem Herd. Darin: die Rückkehr zu einer sachlicheren, an den International Swiss Style gemahnenden Gestaltung, deren besonderer Reiz jedoch den verbliebenen Spurenelementen des Hipsterdesigns zu verdanken ist **(64)**. Am Aufkommen und am relativ schnellen Verblassen dieses Trends ist das Phänomen zyklischer Entwicklungen in der Mikro- und Makro-Typografie – sogenannter »Type Hypes« – besonders gut zu beobachten.

Die aufgeführten Beispiele demonstrieren die Beziehungen zwischen visuellen Entwicklungen und dem gesellschaftlichen, technischen oder gestalterischen Umfeld. Nicht zufällig konzentrieren sie sich auf die Gestaltung von Magazinen und auf den Entwurf von Schriften oder kulturellen Botschaften. Gerade in diesen Bereichen spielt der Einfluss des jeweiligen Zeitgeistes eine große Rolle. Schließlich sind es die jungen Zielgruppen, die eine möglichst avantgardistische Ansprache möchten. Sie soll aktuelle Trends aufgreifen und sich von der etablierten Gestaltung abheben. Der Hinweis mancher Gestalter, sie hätten sich stets modischen Versuchungen zu entziehen vermocht, hat häufig aber auch mit deren Arbeitsfeldern zu tun, in denen experimentelles Gestalten naturgemäß störend wirkt. Der Entwurf von Romanen, Gebrauchsanweisungen, Nachschlagewerken oder Informationsgrafiken erfolgt inhalts- und zielgruppenbedingt zuerst nach funktionalen Kriterien. Zeitgeist-Gestaltung mit ihrem (manchmal penetranten) Versuch, sich von etablierter Formgebung abzuheben, wirkt hier kontraproduktiv.

Natürlich gibt es eine Fülle weiterer stilprägender Gestaltungsbeispiele aus den zurückliegenden Jahren und Jahrzehnten. Sie fehlen hier ebenso wie die vielen herausragenden Designer und Lehrer, die für die visuelle Sprache Deutschlands bis in die Gegenwart verantwortlich zeichnen. Sie alle hier aufzuführen, würde den Rahmen von read+play sprengen. Für Kritiker wie Studierende gilt daher: Mit dieser Lektüre hat das Studium der Typografie erst begonnen.

<S. 55 Ideal und Alltag in den Niederlanden

Dieses Selbstverständnis ist ins Wanken geraten. Die Ermordung des islamkritischen Regisseurs Theo van Gogh durch einen radikalen Muslim im Jahr 2004 und der politische Rechtsruck bei den Wahlen 2010 waren beredte Zeichen tiefgreifender Missverständnisse im Zusammenleben der verschiedenen religiösen, ethnischen und politischen Gruppen. Es offenbarte sich eine (lange geleugnete) Kluft zwischen gesellschaftlichem Ideal und gefühlter Wirklichkeit. Gleichwohl kann man das niederländische Modell des Pluralismus und der Toleranz nicht als gescheitert betrachten – zumal bei den vorgezogenen Parlamentswahlen 2012 und auch bei der Europawahl 2014 die Partei des Rechtspopulisten Geert Wilders (PVV) trotz gegenteiliger Prognosen im Vergleich zu 2010 deutliche Stimmeneinbußen zu verzeichnen hatte.

<S. 57 Anmerkungen zur nordamerikanischen Gestaltung

Andernorts wurde schon darauf hingewiesen, welch wichtige Rolle die USA als kultureller Impulsgeber für Deutschland spielten. Im Design betraf dies vor allem jene Grafiker, die in den Designbereichen »Corporate Identity*«, »Editorial Design« und in der Werbung tätig waren und die als Vorbilder für die Grafikerszene im Nachkriegsdeutschland fungierten. Einer der bekanntesten US-Designer ist zweifellos Paul Rand (1914–1996), zu dessen Arbeiten die Logos von IBM (seit 1972 in Gebrauch), Next oder ABC gehören. Rand war unter anderem Art Director des Magazins »Esquire« und lehrte an der Yale University. Ein weiterer Grafiker, der mit seinen Arbeiten starken Einfluss nahm, war Milton Glaser (geboren 1929), der einen illustrativen Stil in die vom International Swiss Style geprägte US-Grafik der 50er- und 60er-Jahre einbrachte. Zu seinen bekanntesten Werken zählt der Schriftzug »I love NY«, wobei »love« durch ein rotes Herz ersetzt ist. Eine 1946 gegründete Organisation sorgte dafür, dass die genannten Designer und viele andere auch in Deutschland bekannt wurden: der Type Directors Club New York (TDC NY). Diese ursprüngliche Gründung einiger US-amerikanischer Agenturtypografen prämiert seit Anbeginn in einem jährlich stattfindenden internationalen Wettbewerb die besten typografischen Arbeiten des Jahres. Die Veröffentlichung der Ergebnisse hat viel zur Sensibilisierung gegenüber guter Typografie beigetragen und zugleich für ihre Bekanntheit weltweit gesorgt.

<S. 59 Kurt Weidemann und der Zeitgeist

Kurt Weidemann (1922–2011, deutscher Typograf, Autor und Hochschullehrer) äußerte sich 1997 zu typografischen Experimenten wie folgt: »(…) Wir haben gelernt (…) von links nach rechts und von oben nach unten zu lesen. Das war's dann auch schon. Das kaum halbe Dutzend gerade noch zumutbarer Leseerschwerungen ist schnell erschöpft. Wem es dann noch genialerweise einfällt, jede zweite Zeile auf den Kopf zu stellen, der macht seine Leserschaft anstaltsreif. Es gibt so viele Jobs, wo es möglich ist, richtig was raushängen zu lassen, die Typografie ist das nicht. (…) Das Alphabet ist Rohstoff, es schreit nicht bei der Vergewaltigung und es kann sich nicht wehren. Ein Alphabet kann sich nicht aussuchen, an wen es gerät. (…)«[4]

<S. 59 Erik Spiekermann über »Ordnung« und »synthetische« Typografie

Erik Spiekermann schrieb in dem Artikel »Darf Typografie Spaß machen?«, veröffentlicht in der form 122: »(…) Inhalte vermitteln bedeutet analytisch arbeiten; die Struktur des Textes verstehen, sie offen legen und die angemessenen typografischen Grundformen dazu finden – den passenden Buchstaben, der sich im richtigen Rhythmus zum Wort verbindet, die Worte zur Zeile, die Zeilen zur Spalte, zur Seite. Typografie bedeutet Ordnung, Ordnung hingegen heißt nicht ordentlich, schon gar nicht aufgeräumt oder langweilig. Ordnung in diesem Sinne heißt nur, dass alle Elemente ihren Platz haben, dass diese Zuordnung einsichtig sein muss und dass Abhängigkeit und Wechselwirkung der einzelnen Elemente innerhalb eines Werkes erhalten bleiben. Wenn Typografie der Übermittlung von Inhalten dienen soll, dann kann es folglich nur diese Art der Analytischen Typografie geben. Wenn Typografie aber auch als Inszenierung einer Mitteilung definiert wird, muss nicht unbedingt eine inhaltsreiche Mitteilung gemeint sein. Zur Darstellung von Nicht-Kommunikation reicht dann allemal eine Synthetische Typografie, die hübsche Formen findet und aus diesen eine Seite baut. Das Schwierige für den Betrachter ist dabei nur, dass auf den ersten Blick die sichtbaren Darbietungen sowohl inhaltsleerer als auch gehaltvoller Mitteilungen einander täuschend ähnlich sehen. Denn nicht der Inhalt allein bestimmt die Form, sondern alle Erfordernisse des Umfeldes, des visuellen Mahlstroms, in dem wir täglich unterzutauchen drohen. (…)«

* Als Corporate Identity oder CI bezeichnet man alle Merkmale, die ein Unternehmen von anderen unterscheidet. Zu den Merkmalen gehört der grafische Auftritt – Corporate Design (CD) genannt – aber auch der Umgang mit Kunden und unternehmensfremden Personen (Corporate Behaviour) oder die Art und Weise, wie das Unternehmen sich sieht und welche Werte es lebt (Corporate Culture).

<S. 61 Typografie als »kreatives Spielzeug«

1991 erschien beim Fontshop, verpackt in einer Faltschachtel, eine Schriftsammlung, die sich »Fuse 1« nannte und den Beginn einer Publikationsreihe darstellte. Die namhaften Schriftgestalter Neville Brody, Phil Baines, Malcolm Garrett und Ian Swift präsentierten Entwürfe, die experimentellen Charakter hatten. Die Zeitschrift »page« 9/91 schrieb: »(…) Es wird Schriftanwender geben, die Fuse eher negativ sehen. Praxisfern. Diese Kollegen können sich das Fuse-Abonnement sparen und weiter times-helvetisieren. (…) Aber wer Schwitters mag, DADA, de Stijl, das Bauhaus, die Futuristen, El Lissitzky und den Sprayer von Zürich, wer den visuellen Sprung ins Ungewisse, zu neuen Optiken, wer neben der Alltagsarbeit das Experimentieren liebt – der muss Fuse haben. (…) Fuse ist also in dem Grenzbereich zwischen typografischem Design und Kunst, zwischen Spielwiese und Kommerz, Avantgarde und Nonsens angesiedelt. Die vier Schriften eignen sich nicht für die nächsten Bücher von Bertelsmann oder für den »Spiegel«, sondern sie laden junge und jung gebliebene Designer ein, sich einmal unabhängig von den Ratschlägen der Professoren mit Schrift und ihren Molekülen zu befassen. (…) Fuse-Fonts sind kreatives Spielzeug. Man kann sie verzerren, farbig, als Outlines oder mit Schatten wiedergeben, negativ oder gefüllt anwenden und in Illustrator zu neuen Zeichen verwandeln. (…) Fuse appelliert an uns, darüber nachzudenken, warum wir nur Millimeterbruchteile von den Versalien der zweitausendjährigen Trajansäule entfernt sind und keine neuen Zeichen schaffen und setzen. (…)«

<S. 61 Kurt Weidemann und was er von Neville Brody hielt

Kurt Weidemann zur Person Neville Brody: »(…) Brody ist ein hart trainierter Profi mit dem genauen Blick und dem untrüglichen Gefühl für die Aktionen und Orgien der Punkbewegung (…) Brody ist ein Klassenkämpfer der Subkultur, der seinen eigenen Stil tot geküsst hat auf Plattenhüllen, Underground-Magazinen, Plakaten. (…)«[5]

<S. 61 Kurt Weidemann und was er von David Carson hielt

Kurt Weidemann zur Person David Carson: »(…) David Carson hat Recht: Das Leben ist zu kurz, um langweilige Dinge zu tun. Das Leben ist aber auch zu kurz, um sich in seinen Zeitschriften die Texte mühselig zusammenzubuchstabieren. Ich möchte daher vorschlagen, dass ich seine Zeitschriften (Ray Gun, Speak) abonniere, wenn er mir dafür Kopien der Manuskripte schickt, um wenigstens feststellen zu können, was des Lesens wert ist. (…)«[6]

4,5,6 Zitate aus: »Wo der Buchstabe das Wort führt«, K. Weidemann, Cantz 1997

(65) **Kurt Schwitters 1887–1948**

(66) **Art and Text**

(67) **Russische Avantgarde 1910–1934. Mit voller Kraft**

(68) **Kunst Basics – Postmoderne**

(69) **Die Sprache der Kunst**

(70) **Die Schrift**

(71) **Der Mensch und seine Zeichen. Schriften, Symbole, Signete, Signale**

(72) **Die Gutenberg Galaxis: das Ende des Buchzeitalters**

(73) **Iconic Turn Die neue Macht der Bilder**

(74) **Vom Kainszeichen zum genetischen Code**

(75) **www.fontblog.de**

(76) **www.designtagebuch.de**

(77) **Wozu Kultur?**

(78) **Counterpunch**

(79) **Kitsch**

A

Kurt Schwitters
Dadaisten
Otl Aicher
Andy Warhol
Joseph Kosuth
John Baldessari
Lawrence Weiner
Christopher Wool
Martin Creed
Ward Shelley
weitere Künstler
Jugendstil

Filippo Tommaso Marinetti
Futuristisches Manifest
Stéphane Mallarmé
Guillaume Apollinaire
Georges Braque
Pablo Picasso
Francis Picabia
Marcel Duchamp
Konzeptkunst
Man Ray
Surrealismus
André Breton
René Magritte
Suprematismus
Kazimir Malevich

Konstruktivismus
Alexander Rodtschenko
El Lissitzky
Bauhaus
de Stijl
Piet Mondrian
Theo van Doesburg

Fluxus
Maurizio Nannucci
Bruce Nauman
Robert Rauschenberg
Pop Art
Postmoderne
Jenny Holzer
Nancy Dwyer
Vilém Flusser
Christoph Türcke
Les Levine
Kunst als Totengräber der Typografie

4

Typografie kann unter Umständen Kunst sein.

Sagt Kurt Schwitters –– Verwandte sind manchmal schwierig –– Die Kunst ist der Tod der Typografie, wird behauptet –– Die Künstler schert das nicht –– Die Moderne Kunst hat eine aufmüpfige Tochter: die Postmoderne –– Beide benutzen Text –– Typografie und die Philosophen –– Schwitters ist aktuell, wie es scheint –– Kunst will gelesen werden –– Visuelle Kommunikation eigentlich auch.

(65)

Kurt Schwitters 1887–1948

Ingeborg Pabst (Hrsg.)
Propyläen Verlag, Berlin, 2. veränderte und erweiterte Auflage 1987,
ISBN 978-3-549-06667-6

Umfangreicher Katalog anlässlich einer großen Schwitters-Ausstellung in Hannover 1986. Mit zahlreichen Essays über sein Werk.

Kurt Schwitters
Dadaisten

Otl Aicher
Andy Warhol

Joseph Kosuth
John Baldessari
Lawrence Weiner
Christopher Wool

Martin Creed
Ward Shelley

»Typografie kann unter Umständen Kunst sein«.[1] Dieser Satz stammt von Kurt Schwitters. Der Maler, Bildhauer, Grafiker, Typograf, Bühnenkünstler und Dichter gehörte zur Gruppe der Dadaisten, die bewusst und provokant etablierte Kommunikationsmittel für ihre künstlerischen Aussagen benutzten und umdeuteten (65). Mit Lautgedichten, Fotomontagen, Textcollagen und musikalischen Improvisationen überwanden sie die Grenzen künstlerischer und gestalterischer Genres und bezogen vielfältige Techniken in ihre Arbeiten mit ein. Das Zitat berührt zugleich die schwierige Beziehung zwischen Visueller Kommunikation und Kunst, zwei entfernten, manchmal aber auch nahen Verwandten. Dabei verfolgen beide Bereiche ganz unterschiedliche Ziele. Die Aufgabe der Visuellen Kommunikation ist es, Inhalte verständlich darzustellen. Die Kunst jedoch ist autonom, sie erklärt sich in jeder Arbeit anders (oder auch gar nicht). Eng scheint das Verhältnis gelegentlich dennoch, weil es immer wieder grenzüberschreitende Anleihen gab und gibt.

* Über den Begriff Typografie
> S.82

Die Ungezwungenheit der Künstler im Umgang mit Schrift stieß bei Typografen zumeist auf wenig Verständnis. Otl Aicher schrieb 1988 in seinem Buch typographie: »Unter dem Aspekt Kunst kann man mit Schriften machen, was man will. Man kann sie verdrehen, auf den Kopf stellen, zerschneiden. Aber dann hört Schrift auf, eine Mitteilung zu sein. Das Maß der Mitteilung ist die Lesbarkeit, die Verständlichkeit. Andernfalls wird Schrift nur noch benützt als graphisches Material, als formaler Steinbruch für Zeichen und Strukturen in schwarz und weiß. Schrift wird zum bloßen ästhetischen Objekt. Die Kunst ist schlechterdings der Tod der Typographie. Die Kunst kommt ohne Sinn aus. Ihre Ästhetik ist die der Sinn-Losigkeit. Insofern wäre Kunst mit verständlicher Schrift keine Kunst mehr, sondern eine Botschaft. (…) So gesehen schließen sich Kunst und Typographie aus. (…) Sobald Typographie in den Bereich der Kunst übertreten will, hört sie auf, gute Typographie zu sein. Wie Kunst, die der Mitteilung dienen will, aufhört, Kunst zu sein.«[2] Sowohl Aichers Definition von Kunst als auch seine Grenzziehung zwischen Kunst und Typografie haben in ihrer Ausschließlichkeit offenbar keinen Bestand. Zum einen, weil zahlreiche Künstler seine Positionen zu widerlegen scheinen: Andy Warhol simuliert den Warenversandkarton von Heinz Tomato Ketchup, indem er die Typografie dem Vorbild entsprechend auf eine Holzbox malt (1963–1964), Joseph Kosuths Installation »One and Three Chairs (Eng.)« zeigt einen Stuhl, eine Abbildung desselben sowie ein Blatt mit der schriftlichen Definition, was ein Stuhl ist (1965), John Baldessari schreibt siebzehnmal untereinander »I will not make any more boring art« (1971), Lawrence Weiner bemalt eine weiß getünchte Hauswand in Versalien mit dem Satz »MATTER CAUSED TO CEASE TO FUNCTION AS IT HAD« (1995), Christopher Wool schreibt in großen Schablonenbuchstaben auf eine schmale hochformatige Leinwand »The harder you look the harder you look« (2000), Martin Creed installiert in einer Fabrikhalle fünf Meter hohe golden strahlende Neonbuchstaben, die den Begriff »SMALL THINGS« bilden (2007), Ward Shelley malt einen Stammbaum mit dem Titel »Media Role Models ver.1« (2009). Die Liste der zeitgenössischen Künstler, deren

1 In: Kurt Schwitters Merzhefte 1930: Die neue Gestaltung in der Typographie; Faksimile-Nachdruck, z.Zt. vergriffen.

2 In: Aicher, Otl: typographie; siehe Buchempfehlung A1/1

(66) Art and Text

Aimee Selby (Hrsg.)
black dog publishing, London 2009,
ISBN 978-1-906155-65-0. In englischer
Sprache.

Das Buch widmet sich ausschließlich dem Verhältnis von Kunst und Text. Neben vertiefenden Essays werden viele Künstler und deren Arbeiten gezeigt – vom Beginn der Moderne bis heute.

Arbeiten auf der Verwendung von Textbotschaften basieren, ist lang: Tracey Emin, Freee, Liam Gillick, Douglas Gordon, die Guerrilla Girls, Jenny Holzer, Mustafa Hulusi, Joseph Kosuth, Barbara Kruger, Jonathan Meese, Maurizio Nannucci, Bruce Nauman, Robert Rauschenberg, Kay Rosen, Bob and Roberta Smith, Mark Titchner und viele andere **(66)**. Aichers Definition erfährt zum anderen deshalb Widerspruch, weil die Weiterentwicklung von Visueller Kommunikation ohne experimentelle Grenzerfahrungen wohl nicht möglich wäre. Auch wenn die Gestaltung oft genug Anlass zu Diskussionen gab, waren die Textcollagen und typografischen Pirouetten in den 80er- und 90er-Jahren doch aufschlussreiche Experimente entlang der Grenzen zur Lesbarkeit. Typografie ist nun einmal Mitteilung und Ausdruck zugleich. Den Ausdruck, also den Subtext eines Inhaltes zielgruppenorientiert und zeitgemäß zu gestalten, legitimierte diese Experimente, auch wenn die Lesbarkeit mitunter erkennbar litt. Dieses wichtigste Kriterium für gute Typografie ist offenkundig nicht allein ausschlaggebend bei der Vermittlung von Botschaften, wie die Akzeptanz dieser typografischen Experimente beim Zielpublikum bewies (mehr dazu in Kapitel B1).

Um zu verstehen, wie sich das Verhältnis zwischen Kunst und Typografie entwickelte, muss man sich die Ursprünge der Modernen Kunst vor Augen führen. Hier wird deutlich, warum die Verwendung von Schrift ein logischer Prozess war, der einer veränderten Kunstauffassung Rechnung trug. Text als eigenständiges künstlerisches Mittel etablierte sich erst zu Beginn des 20. Jahrhunderts und repräsentierte einen fundamentalen konzeptionellen Wandel in der Kunst – weg vom Abbildhaften hin zur abstrakten Komposition. Diese Entwicklung war mit dem Impressionismus eingeleitet worden und führte über den Expressionismus zum Kubismus. Bereits im Jugendstil um die Jahrhundertwende wurde Schrift im Kunstkontext sichtbar. Sprache wurde wichtig, auch weil die Mittel der Verbreitung in Form von Plakaten, Zeitungen und Flugschriften nun zur Verfügung standen. Filippo Tommaso Marinettis »Futuristisches Manifest« wurde 1909 auf der Titelseite der Zeitung Le Figaro veröffentlicht. Dieses Ereignis offenbarte nicht nur eine neue Beziehung zwischen künstlerischem Ausdruck und den Massenmedien, sondern auch die Aufhebung von Grenzen künstlerischer Genres. Unabhängig voneinander nutzten viele Künstler diese Freiheiten: Die Dichter Stéphane Mallarmé und Guillaume Apollinaire inszenierten ihre Texte typografisch. Die kubistischen Maler Georges Braque und Pablo Picasso verwendeten Zeitungsfragmente und anderes gedrucktes Material für ihre Bilder. Die Künstler Francis Picabia und Marcel Duchamp waren sowohl Dichter als auch Maler. Duchamp gilt darüber hinaus als Wegbereiter der Konzeptkunst durch seine ready mades (beginnend 1914), als er handelsübliche Gegenstände zur Kunst erklärte und ausstellte. Picabia, Duchamp und Man Ray zählten zu den New Yorker Vertretern der (eingangs erwähnten) revolutionären literarisch-künstlerischen Dada-Bewegung, die 1916 in Zürich ihren Anfang nahm und ihre europäischen Zentren in Berlin, Hannover, Köln und Paris hatte. Die Angriffe der Dadaisten auf die bürgerliche Kultur bestanden unter anderem in

(67)

Russische Avantgarde 1910–1934

Mit voller Kraft

Wilhelm Hornbostel, Karlheinz Kopanski,
Thomas Rudi
Edition Braus, Heidelberg 2001,
ISBN 978-3-926318-92-3

Umfangreiches Katalogbuch zu der gleichnamigen Ausstellung des Museums für Kunst und Gewerbe, Hamburg 2001. In verschiedenen Kapiteln wird die künstlerische Avantgarde im politischen Kontext des revolutionären Russland vorgestellt. Mit zahlreichen Bildbeispielen.

der Aufhebung oder im Spiel mit Lesekonventionen: Typografie stellte Sprache nicht nur dar, sondern machte den Inhalt lautmalerisch selbst zum Thema. Der Dadaismus währte bis zum Beginn der 20er-Jahre und bildete für viele Künstler eine Durchgangsphase zum Surrealismus und zur Neuen Sachlichkeit (eine künstlerische Richtung in Deutschland, deren Protagonisten unter anderen Otto Dix und Georg Grosz waren). 1917 erwähnte Apollinaire im Zusammenhang mit Kunst erstmals den Begriff »surréal« und gab den Hinweis auf eine weitere sich bildende avantgardistische Künstlerbewegung, die eine sowohl theoretische als auch literarische und visuelle Ausprägung hatte. André Breton sprach vom »psychischen Automatismus«, dem »automatischen Schreiben und Zeichnen« unter dem Einfluss des Unterbewussten (bezugnehmend auf Sigmund Freud) als Wesensmerkmal des Surrealismus. Text wurde auch hier häufig benutzt. René Magritte thematisierte 1929 die Paradoxien der Wahrnehmung mit seinem berühmten Bild »La trahison des images«, indem er den Satz »Ceci n'est pas une pipe« unter die Abbildung einer Pfeife malte.

Parallel und beginnend um 1914/15 entwickelte sich in der UdSSR mit dem Suprematismus – begründet von dem Künstler Kazimir Malevich – eine neue Bewegung in der bildenden Kunst und Architektur. Sie war der Vorläufer des Konstruktivismus, unter dessen Namen sich in den 20er-Jahren die Russische Avantgarde versammelte. Der Stil der beiden genannten Kunstrichtungen stand für weitgehend assoziationsfreie Kompositionen geometrischer Elemente und die Zurschaustellung technischer Komponenten in der Gestaltung. Einen frühen Höhepunkt dieser abstrakten Gattungen stellten die Bilder »Schwarzes Quadrat auf weißem Grund« (1915) und »Weißes Quadrat auf weißem Grund« (1919) von Malevich dar. Die bekanntesten Vertreter des Konstruktivismus waren der Maler, Bildhauer und Grafiker Alexander Rodtschenko und der Architekt, Maler und Grafiker El Lissitzky. Letzterer transportierte die Ideen der Konstruktivistischen Internationale in den Westen. Er arbeitete in Hannover einige Zeit mit Schwitters zusammen, stand in Verbindung mit dem Bauhaus und der Gruppe de Stijl in den Niederlanden, die 1917 von Piet Mondrian und Theo van Doesburg gegründet worden war. Für die Konstruktivisten gab es keine Grenzen künstlerischer Genres, und so experimentierte Lissitzky mit den visuellen Ausdrucksformen der freien Kunst ebenso wie mit denen der Grafik, meist unter Einbeziehung politischer Aussagen. Berühmt ist sein Plakat »Schlagt die Weißen mit dem roten Keil« (1920). Gezeichnete Schrift ist dort kombiniert mit der grafischen Darstellung eines großen roten Keils, der in den kreisrunden Ausschnitt einer schwarzen Fläche ragt **(67)**. Im Deutschland der 20er-Jahre waren es neben den Dadaisten vor allem die Künstler und zeitweiligen Bauhauslehrer Wassily Kandinsky und Paul Klee, die Texte und Buchstabenfragmente in ihren Arbeiten verwendeten.

Die erwähnten Bewegungen in den ersten Dekaden des 20. Jahrhunderts deuteten den Kunstbegriff unter emanzipatorischen Gesichtspunkten neu. Sie reklamierten die Abkehr vom Kunstbegriff der Akade-

(68)
Kunst Basics – Postmoderne

Eleanor Heartney
Verlag Hatje Cantz, Ostfildern 2002,
ISBN 978-3-7757-1232-3

Kompakte Einführung in die Kunst der Postmoderne. Essays beschreiben die verschiedenen Strömungen (vom Neo-Expressionismus bis zum postmodernen Multikulturalismus), belegt durch zahlreiche Bildbeispiele.

(69)
Die Sprache der Kunst

Die Beziehung von Bild und Text in der Kunst des 20. Jahrhunderts.

Eleonora Louis, Toni Stooss (Hrsg.)
Edition Cantz, Stuttgart 1993,
ISBN 3-89322-528-X

Das Buch – herausgegeben anlässlich der gleichnamigen Ausstellung der Kunsthalle Wien – behandelt die Beziehung von Bild und Text in der Kunst des 20. Jahrhunderts. Mit zahlreichen Essays, Abbildungen und Künstler-Interviews.

mien des 19. Jahrhunderts, der hauptsächlich in der Abbildung der Wirklichkeit bestand. Für sie waren Bilder keine Fenster mehr, durch die man die Welt sehen sollte, sondern Flächen mit einem inhaltlichen und formalen Eigenleben. Die Aufkündigung des Abbildungsprinzips machte es möglich, abstrakt zu arbeiten und damit Ausdrucksformen wie die Sprache in die Kunst zu integrieren.

Die Moderne Kunst legte den Grundstein für einen künstlerischen Umgang mit Schrift, der aus der zeitgenössischen Kunst nicht mehr wegzudenken ist. Mitte der 50er-Jahre begannen Künstler, die alltägliche Umgebung (die industrielle Produktion, den Konsum, die Medienwelt) zum Gegenstand ihrer Arbeiten zu machen. Sie wandten sich damit ab vom subjektiven sprachlosen Gestus des abstrakten Expressionismus, der die Malerei der Nachkriegsjahre dominierte. Mit Strömungen wie der Fluxusbewegung (Begründer war der Künstler Maurizio Nannucci) und der Pop Art (wichtige Vertreter waren Bruce Nauman und Robert Rauschenberg) trat die reale Umgebung in den Mittelpunkt der künstlerischen Auseinandersetzung und verhalf der Typografie, aber auch der Fotografie und anderen Reproduktionstechniken zum endgültigen Durchbruch. Die Protagonisten dieser Kunstrichtungen führten vor, dass es innerhalb ihrer ästhetischen Betrachtungen zwischen der Kunst, der Werbung und dem Journalismus keine strukturellen Unterschiede mehr gab. Sie griffen damit eine Haltung auf, die die Dada-Bewegung und der Futurismus etabliert hatten. Die Konzeptkunst der 60er-Jahre trieb dieses Verständnis (ganz in der Tradition Marcel Duchamps) auf die Spitze: Das künstlerische Material bestand aus »Konzepten«, die die Gedanken zur Funktion und Begrifflichkeit von Kunst selbst zum Inhalt hatten (ein wichtiger Künstler war hier Joseph Kosuth).

Das Infragestellen vorherrschender Kunstauffassungen war ein Merkmal der 60er- und 70er-Jahre. Ein berühmtes Beispiel verdeutlicht dies: die »Brillo Box« von Andy Warhol aus dem Jahr 1964. Zu sehen ist die gemalte Abbildung einer Warenverpackung. Angesichts der »Brillo Box« stellte sich die Frage nach dem Sinn eines künstlerischen Werks: War dies nun Kunst oder einfach nur das Abbild eines Verpackungskartons? Das Bild thematisierte den Konsumfetischismus, die Massenproduktion und zielte auf die Mechanismen des Kunstmarkts. Es gilt als ein wichtiges Beispiel in der Entwicklungsgeschichte der Postmoderne. Mit diesem Begriff verband sich der Aufstand gegen das Selbstverständnis der Modernen Kunst: nämlich dass Kunst einen autonomen, selbstreferentiellen Bereich menschlicher Aktivität bilde und dass der Glaube an den Fortschritt und den fortwährenden philosophischen Diskurs ihre wichtigsten Antriebskräfte seien. Die Kunst der Postmoderne (68) folgte zuweilen banaleren Maßstäben: Es ging um die Befriedigung der Bedürfnisse des Kunstbetriebs (Kunstmarkt, Kritiker, Kuratoren) und die Positionierung des Künstlers am Markt. Unter dem Begriff »Postmoderne« versammelten sich verschiedene Kunstrichtungen der 60er-, 70er-, 80er- und 90er-Jahre (69).

(71)
Der Mensch und seine Zeichen. Schriften, Symbole, Signets, Signale

Adrian Frutiger
Marixverlag, Wiesbaden, 10. Auflage 2006,
ISBN 978-3-937715-63-6

Adrian Frutiger setzt sich in dem Buch mit den Grundlagen für die Theorie und die Praxis der Zeichengestaltung auseinander und untermauert seine Thesen mit zahlreichen zeichnerischen Darstellungen.

(70)
Die Schrift

Hat Schreiben Zukunft?

Vilém Flusser
Edition Immatrix im Verlag European Photograph, Göttingen 1987, 5. Auflage 2002,
ISBN 978-3-92328-359-0

Philosophische und kommunikationswissenschaftliche Gedankengänge zur Rolle der Schrift und ihrer Zukunft angesichts der zunehmenden Bedeutung des Bildes in der Kommunikation. Flusser schildert den Einfluss des Schreibens auf das Denken, Fühlen und Handeln.

(72)
Die Gutenberg Galaxis: Das Ende des Buchzeitalters

Marshall McLuhan
Addison-Wesley Verlag, Bonn 1997,
ISBN 978-3-89319-999-0

Eine der ersten Studien über die mündliche Kultur und die Schriftkultur. Bereits 1962 prophezeite McLuhan in seinem wegweisenden Buch das Aufkommen der elektronischen Medien und das Ende des Buchzeitalters. Die Entwicklung und Auswirkungen der neuen Medien, die er erwartete, ließen ihn bereits damals von einem »global village« sprechen.

(73)
Iconic Turn Die neue Macht der Bilder

Hubert Burda, Christa Maar (Hrsg.)
DuMont Buchverlag, Köln, 3. Auflage 2005,
ISBN 978-3-8321-7873-4

Essay-Band mit namhaften Autoren (von Jan Assmann über Wolf Singer, Peter Sloterdijk bis zu Wim Wenders) zum Thema Bild. Es geht um Wahrnehmung, neuronale Ästhetik, Bildgeschichte, das Bild in der Kunst, die postmoderne Bilderindustrie und zahlreiche weitere Aspekte.

(74)
Vom Kainszeichen zum genetischen Code

Kritische Theorie der Schrift

Christoph Türcke
Verlag C. H. Beck, München 2005, 2. Auflage 2013, ISBN 978-3-406-65016-1

Der Autor untersucht vom philosophisch/wissenschaftlichen Standpunkt aus die Ursprünge der Schrift, ihre Jahrtausende währende Entwicklung und ihre aktuelle Rolle. Er stellt das Wiederkehren kultischer Frühformen im Gewand der Hochtechnologie fest.

Die Pop Art nutzte die kommerziellen Ausdrucksmittel und machte Kunst massentauglich, die Minimal Art bezog den Betrachter ins Kunstwerk ein, die Konzeptkunst verzichtete weitgehend auf den optischen Aspekt des Kunstwerks und etablierte Textbotschaften als Ausdrucksmittel. Zahlreiche weitere Strömungen und Gruppierungen reagierten auf die gesellschaftlichen und wirtschaftlichen Entwicklungen sowie den gewandelten Kunstbegriff, zum Beispiel der Neoexpressionismus, die Antiästheten, die Warenkritiker oder die postmodernen Feministinnen. Parallel wuchsen die Möglichkeiten künstlerischer Ausdrucksformen. Mit Aktionen, Performances, Videos und Multimediashows drangen Sprache und Text auch in andere Medien vor. Vor diesem Hintergrund wurde Text immer häufiger zum alleinigen künstlerischen Ausdrucksmittel, etwa bei Jenny Holzer, die (beginnend in der Mitte der 70er-Jahre) Häuserwände, Reklametafeln und Leuchtreklamen nutzte, um ihre Botschaften wirkungsmächtig zu inszenieren. Ihre Textbotschaft »Protect me from what I want« strahlte 1985 vom »Spectacolor Board« am Times Square in New York. Ein weiteres Beispiel lieferte Nancy Dwyer, die in ihrer Arbeit »Shadow of doubt« (1991) das Wort »DOUBT« in einem Lichtkegel auf die nächtliche Gracht Utrechts projizierte.

Wie dieser kurze Ausflug in die jüngere Kunstgeschichte zeigt, gewann Text in der Kunst seit dem beginnenden 20. Jahrhundert kontinuierlich an Bedeutung. Zahlreiche Philosophen und Wissenschaftler haben darüber hinaus die theoretischen Vorstellungen der Moderne zum Thema Kommunikation und Schrift weitergeführt, in Frage gestellt oder in neue Zusammenhänge gesetzt. Ein wichtiger Name darf dabei nicht fehlen: Vilém Flusser (1920–1991). Der in Prag geborene und später vorübergehend nach Brasilien emigrierte Schriftsteller, Kommunikationstheoretiker und Philosoph prophezeite (und bedauerte zugleich) das Ende des Alphabets zugunsten des Bildes und initiierte mit seinen Thesen den Diskurs über die Zukunft des linearen Denkens und Schreibens vor dem Hintergrund der Neuen Medien in den 90er-Jahren **(70)**. Neben vielen Beiträgen, die in den letzten Jahrzehnten entstanden **(71, 72, 73)**, ist auch der von Christoph Türcke, Philosophieprofessor in Leipzig, nicht nur für Typografen interessant: Er diagnostiziert, dass die Schrift durch die Neuen Medien zunehmend marginalisiert wird. In seiner »Kritischen Theorie zur Schrift« (2005) beleuchtet er die Entwicklung vom Kainszeichen (als »Urschrift«) bis zum genetischen Code **(74)**. Diese und viele andere Beiträge bilden einen philosophischen Kanon, der es Gestaltern möglich macht, ihre Arbeit in einem größeren Zusammenhang zu sehen und zu verstehen. Denn Typografie berührt die Felder Philosophie, Politik, Visuelle Kommunikation und Kunst gleichermaßen.

* Massengeschmack, Kitsch und intelligentes Design > S.82

Was den eingangs zitierten Satz von Kurt Schwitters angeht, so hat er, wenn man die aufgeführten Beispiele betrachtet, an Aktualität nichts eingebüßt. Interessanterweise hat sich der formale Umgang mit typografischem Material im Laufe des vergangenen Jahrhunderts

(75)
www.fontblog.de

(76)
www.designtagebuch.de

(66)
Art and Text

siehe S. 72

(77)
Wozu Kultur?

Dirk Baecker
Kulturverlag Kadmos, 2012,
ISBN 978-3-86599-116-4

Der Autor zeigt auf, welche Strukturen dem Begriff »Kultur« innewohnen. Seine Reflexionen hinsichtlich derer, die als »Kulturarbeiter« in der Gesellschaft unterwegs sind, eröffnen überraschende Parallelen zum Design – gerade auch deshalb, weil die schriftliche Kommunikation im Wandel begriffen ist und typografische Gewissheiten ins Wanken geraten, mit Folgen für das Berufsbild des Designers.

gewandelt: Stellte er zu Beginn der Entwicklung (etwa bei den Kubisten) gelegentlich den von Otl Aicher zitierten »formalen Steinbruch« dar, stand in den letzten Dekaden fast immer die Botschaft im Vordergrund künstlerischer Werke. »Artists use text, because they have something to say« sagt der Künstler Les Levine.[3] Dann sollte Text aber auch lesbar sein. An dieses formale Diktat hielten sich die meisten Künstler, die mit Schrift arbeiteten (66). Der »formale Steinbruch« bediente kurioserweise eher die Visuelle Kommunikation. Jene Grafiker, die sich an typografischen Inszenierungen auf Kosten der Inhalte delektierten, muss Otl Aicher vor Augen gehabt haben, als er die Kunst zum Totengräber der Typografie erklärte. Der Disput, was man typografisch darf und was nicht, ist aber eine innere Angelegenheit der Visuellen Kommunikation (75, 76).

Es ist müßig, die Kunst an diesem Konflikt zu beteiligen. Auch wenn beide Protagonisten über den Metabegriff Kultur (77) gelegentlich eng miteinander verwoben sind.

3 In: Art and Text, black dog publishing; siehe Buchempfehlung A4/67

<S.71 Über den Begriff Typografie

Von »Typografie« kann man eigentlich erst seit der Erfindung beweglicher Bleilettern durch Johannes Gutenberg sprechen. Buchstaben und Worte zu schreiben ist hingegen bekanntermaßen eine sehr alte Fertigkeit des Menschen, der stets versuchte, hier eine Meisterschaft zu erlangen. Bekannt sind solche Schreibergebnisse bis zum heutigen Tag unter dem Begriff »Kalligrafie«. Speziell im asiatischen Raum gilt die »Kalligrafie« als ein wertvoller Beitrag des kulturellen Lebens. Hier ist Schrift der Kunst besonders nah. Da heutzutage alle möglichen Darstellungen von Schrift als »Typografie« bezeichnet werden, hat sich eine gewisse Unschärfe in die Definition eingeschlichen. Der holländische Typograf Fred Smeijers ist in seinem Buch »Counterpunch« (77) auf die Begrifflichkeiten beim Umgang mit Schrift eingegangen und versucht sie zu kategorisieren. Er spricht von den drei Begriffen »Writing«, »Lettering« und »Typography«. Charakteristisch für »Writing« ist der zeitgleiche Moment des Produzierens und des Nutzens, außerdem ist kennzeichnend, dass beim Schreiben die Buchstaben aus einem Strich bestehen – gemeint ist unsere Handschrift. Unter »Lettering« versteht er gezeichnete Buchstaben, deren signifikante Teile aus mehr als einem Strich bestehen. »Lettering« träfe etwa zu auf die Capitalis Monumentalis und auf viele Beispiele aus dem Alltag, wenn zum Beispiel Schaufenster oder Marktschilder beschriftet werden. »Typography« bedeutet laut Smeijers sowohl das Entwerfen von Buchstaben, die maschinelle Herstellung von Schrift sowie deren Anordnung in der Fläche.

<S.79 Massengeschmack, Kitsch und intelligentes Design

Design hat immer auch mit Geschmack zu tun. Über diesen, so heißt es, könne man nicht streiten. Für Designer ist die Angelegenheit nicht ganz so einfach. Schließlich steht ihr designerisches Wissen häufig jenen Einschätzungen gegenüber, die man gemeinhin als »Massengeschmack« bezeichnet. Der Konflikt, dass Laien in der Gestaltung gern mitmischen möchten (»wie sieht das denn aus« oder »das kann ich auch«), wird wohl nie aus der Welt zu schaffen sein. Wenn man denkfaul ist, könnte man den Konflikt darauf reduzieren, dass es einzig darum geht, wer die Deutungshoheit über Design besitzt – der Experte oder der Laie. Man kann aber auch in den verwandten Disziplinen des Designs ein wenig stöbern und fündig werden. Es lohnt sich beispielsweise ein Blick auf kulturtheoretische Reflexionen der Vergangenheit. In seinem 1939 erschienenen Essay »Avantgarde und Kitsch« vergleicht der amerikanische Kulturkritiker Clement Greenberg (1909–1994) die Rezeption moderner Kunst (am Beispiel Pablo Picassos) mit der eines Gemäldes des sowjetischen Realismus (am Beispiel des Malers Ilia Repin). Greenberg spekuliert, was geschieht, wenn ein »Intellektueller« auf ein Bild von Picasso blickt und was geschieht, wenn ein »Bauer« auf ein Bild von Repin blickt. In beiden Fällen, so Greenberg, stellt sich Kunstgenuss ein, beide Betrachter empfinden Freude angesichts der gemalten Darstellungen. Der Intellektuelle jedoch, der Picassos Bild betrachtet, »erarbeitet« sich den Kunstgenuss: Er betrachtet das Bild und reflektiert, was er sieht. Unter dem Einfluss dieser Empfindungen übt das Bild auf ihn eine veränderte Wirkung aus. Es entsteht eine, wenn man so will, interaktive Form der Bildbetrachtung – ein Schauen, ein Vergewissern, ein Assoziieren, ein Erkennen. Erst diese Form der Rezeption ermöglicht es dem »gebildeten Betrachter«, wie Greenberg ihn nennt, die tiefere Ebene des bildnerischen Werkes zu erfassen – eine Ebene, die nicht unmittelbar und äußerlich vorhanden ist. Greenberg spricht bei diesem Vorgang von der reflektierten Wirkung. Ganz anders geht es dem Bauern, wenn er ein naturalistisches Bild leidender Wolga-Treidler (gemalt mit dem Pathos revolutionärer Verherrlichung) betrachtet. Auch der Bauer genießt das Bild. Greenberg schätzt die dargebotene Kunst jedoch als »gering« ein. Warum? Weil das Bild von Repin die reflektierte Wirkung bereits enthält. Der Bauer »konsumiert«, ohne reflektieren zu müssen. Greenberg hält Bilder von Repin im Gegensatz zu denen Picassos für Kitsch: Repin male die Wirkung, wo Picasso die Ursache male. Der Soziologe Pierre Bourdieu (1930–2002) verfeinert die Argumentation: Dem »Reflexionsgeschmack« steht der »Sinnengeschmack« gegenüber, das leicht Entfachbare, unmittelbar an die Sinne Appellierende. Da »Reflexionsgeschmack« Bildung voraussetzt, die nicht allen gleichermaßen gegeben ist, manifestieren sich gesellschaftliche Hierarchien – dargestellt durch die Eliten und ihren Bildungskanon (Einschluss von Wissen) sowie die Massen und ihre Verführbarkeit (Ausschluss vom Wissen). Zusammenfassend lässt sich festhalten, dass sich nach der Interpretation von Greenberg und Bourdieu die Rezeption von Kunst aufteilt in ein »kultiviertes« (sprich: differenziertes) und in ein »konsumierendes« Betrachten (78). Der kleine Ausflug in die Reflexionen über »Kitsch« zeigt, auf welche Weise über die Qualität des Verhältnisses der Kunst zu ihrem Publikum verhandelt wurde. Unabhängig davon, ob diese Sicht den aktuellen Stand der Kunst- und Kulturtheorie widerspiegelt, lässt sich eine solche Sichtweise fragmentarisch in den Designbereich transferieren – übersetzt in »intelligente« und in »triviale« visuelle Kommunikation. Man könnte vor dem Hintergrund dieser Reflexionen fragen, ob eine vergleichbar »interaktive« Gestaltung – also die Einbeziehung des Betrachters in den »Entschlüsselungsprozess« von Kommunikation – nicht gleichzeitig eine intelligentere Gestaltung ist. Wenn man sich Plakate von Josef Müller-Brockmann aus den

60er-Jahren ins Gedächtnis ruft (oder anschaut), dann ist es doch gerade die »Verschlüsselung« der Botschaft durch abstrakte grafische und typografische Codes, die seine Gestaltung intelligent und nachhaltig macht (man kann hier guten Gewissens von zeitlosem Design sprechen).
Der Leser möge im Internet Arbeiten von Müller-Brockmann aufrufen (z.B. das abstrakte »Beethoven«-Plakat) und dann versuchen, sich eine triviale Lösung dafür auszudenken (z.B.: Eine Beethoven-Büste ersetzt die grafischen Flächen). Voilà.

Ob intelligentes Design einen Mehrwert besitzt – etwa einen in die Gesellschaft hineinwirkenden »humanistischen« Effekt, wie es die Protagonisten der Moderne sich erhofften – muss hier offen bleiben. Diese Diskussion sollte an anderer Stelle geführt werden.

(78)
Counterpunch

Making Type in the Sixteenth Century. Designing Typefaces now.

Fred Smeijers
Hyphen Press, 1997, ISBN 978-0-907259-06-0.
In englischer Sprache.

Der Autor untersucht die Herstellung von Schriften im Bleisatz und stellt Verbindungen her zur digitalen Schriftgestaltung. Viele eigene Schriftbeispiele illustrieren die Thesen.

(79)
Kitsch

Texte und Theorien.

Ute Dettmar, Thomas Küpper (Hrsg.)
Reclam, ISBN 978-3-15-018476-9

In dem Reclam-Band wird das Thema »Kitsch« behandelt. Grundlegende Beiträge von Schiller über Benjamin, Flusser bis hin zu Bourdieu beleuchten das Phänomen. Nicht zuletzt, weil es hier auch um »Geschmack« geht, sind diese Positionen für Designer interessant.

ÜBERSICHT B

*

Anmerkungen zu B
B1 > S.98; **B2** > S.112

(80) **Erste Hilfe in Typografie**

(81) **Das Detail in der Typografie**

(82) **Texte zur Typografie**

(83) **Lesetypografie**

(84) **Detailtypografie**

(85) **Der typografische Raster**

(86) **Rastersysteme für die visuelle Gestaltung**

(87) **Participate**

(88) **Ausgewählte Aufsätze über Fragen der Gestalt des Buches und der Typographie**

B

Regelwerk
Zeitgeist
Otl Aicher
semantische Dimension
syntaktische Dimension
Jan Tschichold
David Carson
Ray Gun
Subkulturen

Regel und Widerspruch
Absicht und Wirkung
Zielgruppe
Handwerks-Regeln
Mengentext
Satzspiegel
Satzform
Schriftgröße
Zeilenabstand

Zeitung
Internet
Interaktion
Leseverhalten
visuelle Botschaft
visuelle Konzepte

Mikrotypografie
Makrotypografie
Raster
dynamischer Umgang
Wissen und Intuition
Jorge Luis Borges
César Luis Menotti
Ordnung und Abenteuer
Orthotypografie

1 Regeln in der Typografie.

Regeln contra Zeitgeist –– Wer hier wem was zu sagen hat –– Es gibt in der Typografie kein »richtig« und »falsch«. Oder doch? –– Das universelle Prinzip der Gestaltung –– Das Medium ist die Botschaft –– Dynamik. Ordnung. Abenteuer.

(81)
Das Detail in der Typografie

Jost Hochuli
Verlag Niggli, ISBN 978-3-7212-0547-3

Hier werden zahlreiche Details der Typografie vorgestellt und besprochen.
Das Buch dient als Einstiegshilfe in das Fachgebiet.

(80)
Erste Hilfe in Typografie

Hans Peter Willberg, Friedrich Forssman
Verlag Hermann Schmidt Mainz 1999,
ISBN 978-3-87439-474-1

Das Buch ist ein erster Ratgeber im Umgang mit Schrift. Es wendet sich an Studierende und Laien, die mit Schrift umgehen müssen oder wollen.
Anhand zahlreicher Bildbeispiele werden mikro- und makrotypografische Details behandelt.

(82)
Texte zur Typografie

Petra Eisele, Isabel Naegele
Verlag Niggli, ISBN 978-3-7212-0821-4

Das Buch versammelt Positionen zur Schrift aus den letzten hundert Jahren. Gezeigt werden Originale, die es ermöglichen, das Geschriebene im Duktus seiner Zeit zu sehen. Ein Lesebuch typografischer Trends, Stile und Haltungen.

An der Entwicklung, die die Typografie in den letzten hundert Jahren durchlaufen hat, lässt sich der Widerstreit zweier Gegenpole ablesen: auf der einen Seite der stete Versuch, Typografie durch ein Regelwerk zu definieren (und damit verbindliche Konventionen zu schaffen, wie zu gestalten sei) und auf der anderen Seite der nicht kontrollierbare »Zeitgeist« mit seiner Lust am schöpferischen Regelverstoß.
Es gab so gut wie keine Phase, die nicht nach einiger Zeit durch einen neuen Stil abgelöst oder mit neuen Stilelementen angereichert worden wäre.

Man kann also sagen, dass Typografie nicht nur Inhalte transportiert, sondern auch formal auf sich wandelnde Sehgewohnheiten und gesellschaftliche Konventionen reagiert. Typografie ist damit wie alle anderen kulturellen Ausdrucksformen ein Spiegelbild der Gesellschaft. Wenn das aber so ist, verhindert dann der »Zeitgeist«, dass es zeitlose Regeln in der Typografie gibt?

* Der Kommentator Otl Aicher
> S.98

Es gab immer Fachleute, die dem Phänomen »Zeitgeist« diese Rolle absprachen, zum Beispiel Otl Aicher. Für ihn war Typografie ein Handwerk, das zunächst auf wissenschaftlichen Erkenntnissen basiert (wie liest das Auge, wie verarbeitet das Gehirn Informationen). Vor allem aber war Typografie für ihn die visuelle Form des Sprechens. Ende der 80er-Jahre schrieb er in seinem Buch »typographie«: »(...) Typografie (muss) auch in dem Sinn Sprache sein, dass sie sowohl eine semantische wie eine syntaktische Dimension hat. Die semantische Dimension ist das, was Sprache vermittelt, die syntaktische ist die Art und Weise, wie es vermittelt wird. Die Syntax ist ein Regelwerk über den Stellenwert der Wörter und den Aufbau eines Satzes.«[1] So grundsätzlich er den Begriff Typografie definierte, so grundsätzlich bewertete er zeitgeistige Tendenzen in der Typografie. In »typographie« schrieb er weiter: »Wir werden überschwemmt von handgestrickten, handgezeichneten, handverlesenen Flugschriften, Prospekten, Flugblättern, die in reiner Ästhetik schwelgen und nicht mehr wissen, dass Typografie Regeln hat wie jedes Handwerk. Anarchie kann eine wohltuende Frische gegenüber Erstarrungen haben. Man muss jede Regel verlassen dürfen und darf sie auch verlassen, wenn man sie als solche nicht aufgibt und zu ihr zurückkehrt. Freiheit in der Typografie als regellose Kunst ist aber das Ende der Typografie«.

Aichers Ausführungen waren so richtig wie etabliert (80, 81). Dennoch erzeugten sie auch Widerspruch, da sie für manche Betrachter den Eindruck erweckten, es gäbe eine zeitlose und allgemeingültige Definition, wie in der Gesellschaft visuell zu kommunizieren sei. Wenn man der Typografie eines jedoch bescheinigen muss, dann ist es ihre formale Zeit- und Zielgruppenbezogenheit (82). Vertreter des Historismus hätten Jan Tschichold wegen seiner Neuen Typografie vermutlich am liebsten gesteinigt und die Bauhaus-Protagonisten hätten Gestaltern wie David Carson typografische Verbrechen vorgeworfen, hätten sie zu Lebzeiten das von ihm gestaltete US-Magazin Ray Gun in Händen gehalten. Rätselhaft wäre ihnen auch gewesen, welches Leseverhalten

1 In: Aicher, Otl: typographie; siehe Buchempfehlung A1/01

Fachbuch weiterführendes Fachbuch weitere Literatur, Link, Film

A1 A2 A3 A4

Carson 1995 für seine Gestaltung einforderte: »Mein Stil hat eine sehr menschliche Seite, denn er erfordert Interaktion. Man braucht Zeit, die Dinge, die Botschaft zu entziffern. Ich hasse die Raster der US-Magazine, die alles verschlingen und letztlich nur Bequemlichkeit verkörpern.«[2] Die Liste der Beispiele lässt sich beliebig verlängern. Und so benötigt man nicht viel Phantasie, um sich vorzustellen, wie die Subkulturen der 80er- und 90er-Jahre (z. B. die Anhänger des Punk, des New Wave oder des Techno) wohl zu Aichers Aussagen standen. Aicher hat aber insofern Recht, als Regeln immer schon Widerspruch erzeugten, ohne dass dieser Widerspruch die Regeln an sich außer Kraft gesetzt hätte. Die Regel und ihr Widerspruch, sie haben beide ihre Berechtigung. Sind für Aicher einerseits die handwerklichen Parameter der Typografie unumstößlich, eröffnet er im nächsten Zitat individuelle Spielräume: »(...) Wir haben also, sofern wir nach Freiheit rufen, nach Kreativität, Intuition, uns erst zu fragen, welches System bauen wir auf, welche Spielregeln schaffen wir uns selbst, damit sich Freiheit konkretisieren kann«.[3] Dieses letzte Zitat von Aicher liest sich wie eine Gebrauchsanweisung für jedermann, auch für jede Subkultur. Denn ob bewusst oder unbewusst definiert: Keine Subkultur funktioniert ohne Regeln, sie betreffen die jeweilige Gestaltung ebenso wie die Mode, die Musik, die Kommunikation und das Konsumverhalten. Die Regeln dienen der Ausgrenzung wie der Eingrenzung, sie sind ein entscheidendes identitätsstiftendes Element.

Es ist also offensichtlich, dass Regeln in der Typografie gebraucht werden. Unklar ist, wer darüber bestimmt, wann und für wen welche gelten. Angesichts der Heterogenität der Gesellschaft fällt es schwer, ein zeitlos gültiges medien- und gruppenübergreifendes Dogma zu formulieren, was typografisch »richtig« ist. Gibt es also keine Ordnung, nach der Typografie funktioniert? Doch: Es gibt sie, nämlich im Detail. Aber der Reihe nach. Zunächst gibt es ein Prinzip in der visuellen Kommunikation, das universell gilt und dem alle Gestaltungsentscheidungen unterworfen sind: das Prinzip von »Absicht und Wirkung« (siehe auch Kapitel C1). Die Antwort auf die Frage, wer wem welchen Inhalt mitteilen möchte, gibt wesentliche Hinweise auf das »Wie«. Der Vergleich mit der Sprache macht das verständlich. Sie verändert sich, je nachdem, mit wem man spricht – mit dem Freund, dem Finanzamt oder dem Hund. So vertraulich, amtlich oder hierarchisch die Absender-Empfänger-Situation ist, so umfangreich, distanziert oder befehlend ist die Art der Übermittlung. In allen drei Fällen steht die Überlegung im Vordergrund, auf welche Weise man sich jeweils am verständlichsten und angemessensten ausdrücken kann. Die Aufgabe für Gestalter ist jedoch komplexer, als es der Vergleich mit der Sprache zeigt. Denn Gestalter sind selten die Verfasser von Inhalten. Ihre Aufgabe liegt meist darin, die mit einer Absicht verfasste Botschaft mit den Möglichkeiten der Gestaltung wirkungsvoll zu kommunizieren. Daher müssen sie die Intentionen des Absenders ebenso verstehen wie den Inhalt der Botschaft und die avisierte Zielgruppe. Hinzu kommt, dass es viele Wege gibt, eine Botschaft zu transportieren: über die Zeitung, das Buch, das Internet,

* Designer und der Zeitgeist
> S.98

2 In: Lutz, Hans-Rudolf: Typoundso; siehe Buchempfehlung A2/23

3 In: Aicher, Otl: typographie; siehe Buchempfehlung A1/01

(83)
Lesetypografie

Hans Peter Willberg, Friedrich Forssman
Verlag Hermann Schmidt Mainz 1997,
5. vollständig überarbeitete Auflage 2010,
ISBN 978-3-87439-800-9

Die Autoren behandeln zahlreiche Fachfragen zur Mikro- und Makrotypografie. Die Auswirkungen typografischer Maßnahmen und die Wechselwirkung zwischen Medium und Leseverhalten werden in zahlreichen Beispielen vorgestellt.

(84)
Detailtypografie

Friedrich Forssman, Ralf de Jong
Verlag Hermann Schmidt Mainz 2002,
5. überarbeitete Auflage 2014,
ISBN 978-3-87439-642-4

Ein Standardwerk zu allen Aspekten des Schrift-Satzes: von Schriftzeichen, typografischen Maßsystemen, Umbrüchen und anderen Satzdetails bis hin zu dem richtigen Umgang mit Tabellen und fremdsprachiger Typografie.

die Gebrauchsanweisung und so weiter. Die Erscheinungsformen und Wirkungsweisen der verschiedenen Medien zu kennen, gehört folglich zum notwendigen gestalterischen Basiswissen. Und hier werden syntaktische Gesetzmäßigkeiten sichtbar, die – im Kern weitgehend unberührt – noch jede Mode und jeden Zeitgeist überlebt haben. Es sind die Gesetzmäßigkeiten, die Otl Aicher meinte, wenn er davon sprach, »dass Typografie Regeln hat wie jedes Handwerk«.

* Tschichold über Regeln und wer sie einhalten sollte > S.98

Das zeigt sich am Beispiel Buch: Handelt es sich um einen Roman, wird das Buch eine gewisse Größe nicht überschreiten dürfen und hochformatig sein, damit man es beim Lesen bequem in der Hand halten kann. Ein Roman besteht in der Regel aus längeren Mengentexten, deren Aussage sich erst nach der ganzen Lektüre erschließt. Entsprechend linear ist der Leseprozess. Typografische Empfehlungen definieren im Hinblick auf den Satzspiegel, die Satzform, die Schriftwahl, die Schriftgröße oder den Zeilenabstand, wie ein Roman behandelt werden sollte, damit er komfortabel gelesen werden kann und auf diese Weise die formalen Erwartungen des Lesers erfüllt. Bücher haben verschiedene Funktionen – es gibt sie als Roman, als Lexikon, als Gedichtband oder als Reiseführer. Jede Funktion berücksichtigt ein spezifisches Leseverhalten und schafft dadurch ganz eigene mediale Rahmenbedingungen. Diese begrenzen und definieren die gestalterischen Spielräume. Ein anderes Beispiel: die Zeitung. Sie verfügt im Gegensatz zum Buch über kurze Texte und hat davon möglichst viele – darum sind Zeitungen vielspaltig. Weil die Lesegeduld bei einer Zeitung viel geringer ist als bei einem Roman, müssen die Artikel schnell verständliche Überschriften bekommen und Abbildungen. Zudem erwartet der Leser die Sortierung nach Themengebieten (Nachrichten, Kommentare, Feuilleton, Sport) und zwar in der von ihm gewohnten Weise. Auch hier bilden das Medium und das zu erwartende Leseverhalten die Basis für den Gestaltungsprozess. Oder das Beispiel Internet: Das Leseverhalten dort war zunächst ähnlich »informierend« wie bei einer Zeitung oder einem Magazin. Entsprechend gestaltet waren und sind noch immer viele Internetseiten. Das aktuelle Kommunikationsverhalten im Social Web hat die Lesegewohnheiten allerdings stark verändert: Das visuell aufbereitete Medium als maßgebliche Informationsquelle verliert an Bedeutung, die Penetration einer Meldung gewinnt an Bedeutung. Dies führt zu einem neuen Leseverhalten □, das sich von der typografischen Gestaltung und auch von der redaktionellen Fertigkeit emanzipiert und das sich hin zu einem rein relevanzgesteuerten Informationsverhalten entwickelt: Es zählt, was schnell gelesen werden kann und was man für wichtig hält. Hinzu kommt, dass die fortschreitende Technik immer neue Möglichkeiten der Interaktion bereithält. Die Liste ließe sich fortführen. Alle Medien haben eigene (zum großen Teil tradierte) Erscheinungsformen, die ein jeweils besonderes Leseverhalten berücksichtigen. Entsprechend definiert sind die typografischen Empfehlungen. Sie fassen zusammen, was sich im Gebrauch besonders bewährt hat **(83, 84)**. Bestimmen also einerseits die Medien selbst, wie mit ihnen umgegangen werden soll, ist es andererseits die Logik eines durchschnittlichen Projektverlaufs, die eine planvolle Abfolge von Schritten notwendig

* Individuelles Handeln und Qualität > S.24

* Responsive Typography > S.25

□ S.153

(86) Rastersysteme für die visuelle Gestaltung

Ein Handbuch für Grafiker, Typografen und Ausstellungsgestalter.

Josef Müller-Brockmann
Niggli Verlag, 8. Auflage,
ISBN 978-3-7212-0145-1.
In deutscher und englischer Sprache.

Das Grundlagenwerk des berühmten Schweizer Grafikers Josef Müller-Brockmann. Obwohl es aus dem Jahr 1961 stammt, ist es ein hilfreiches Kompendium zum Thema »Raster«.

(85) Der typografische Raster

The typographic grid.

Hans Rudolf Bosshard
Verlag Niggli, Sulgen, 2. überarbeitete Auflage 2006, ISBN 978-3-7212-0340-0.
In deutscher und englischer Sprache.

Das Buch geht den historischen Wurzeln der Proportionslehre nach und zeigt ihre Anwendbarkeit für den typografischen Raster. An vielen eigenen Arbeitsbeispielen erklärt der Schweizer Autor und Gestalter die zu Grunde liegende Rasterstruktur. Für Fortgeschrittene.

* Methoden können vielfältig sein
> S.99

macht: Die Konzeption einer visuellen Botschaft basiert – wie beschrieben – zunächst auf der Bewertung ihres Inhalts und einer Bewertung der Absender-Empfänger-Situation. Mit der Wahl des geeigneten Mediums nutzt man dessen Besonderheiten und gestalterische Spielräume. Vor dem Hintergrund dieser konzeptionellen Vorarbeit beginnt der Gestaltungsprozess. Er umfasst das »Entwerfen« ebenso wie das »Verwerfen«. Konzepte entstehen im Kopf, ihre Visualisierung entsteht durch »Machen«. Ideenskizzen sind deshalb der erste Planungsschritt zur grafischen Lösung. Der Gestaltungsprozess umfasst zahlreiche Entscheidungen. Als Makrotypografie wird bezeichnet, was sich mit dem Layout befasst: die Wahl des Formats, die Anordnung und Gliederung von Texten und die Festlegung von Abbildungsgrößen. Hier werden gestalterische Weichen gestellt im Hinblick auf Proportionen, Kontraste und das Spannungsverhältnis zwischen bedruckter und unbedruckter Fläche. Die mikrotypografische Ebene umfasst alle Maßnahmen hinsichtlich der Wahl der Schrift, ihrer Behandlung (Größe, Schriftschnitt, Laufweite, Zeilenabstand) sowie der Definition der Satzart und Satzbreite. Sie ist weniger spektakulär, weil sie das Detail behandelt. Hier ist aber Sorgfalt vonnöten, da die Kreativität in der Behandlung mikrotypografischer Fragen ein schonungsloses Korrektiv hat: das der Lesbarkeit (mehr dazu im nächsten Kapitel).

Je nach Wahl können die makro- und mikrotypografischen Gestaltungsmittel Harmonie oder Disharmonie, Spannung oder Ruhe, Emotion oder Rationalität erzeugen. Es liegt in der Verantwortung der Gestalter, wie sehr die Gestaltung dem Inhalt einer Botschaft durch den Einsatz dieser Mittel gerecht wird. Um das angestrebte Maß der ästhetischen Ausstrahlung zu steuern, wird zudem ein unsichtbares Konstruktionsprinzip verwendet: der Raster **(85, 86)**. Wenn die Ideenskizze den Charakter einer Botschaft umreißt, dann kann man den Raster als seine technische Umsetzung bezeichnen. Er teilt die zu gestaltende Fläche präzise auf in die gedachten Proportionen, legt Randverhältnisse fest, beschreibt Spaltenbreiten und Spaltenzwischenräume. Der Raster rhythmisiert die Fläche in dem gewünschten Maß und gewährleistet diesen Rhythmus (bei mehrseitigen Publikationen) über alle Seiten hinweg – oder sorgt durch einen unrhythmischen Aufbau für gewünschte Unruhe. Wie mehrfach beschrieben, war Typografie immer abhängig von technischen und gesellschaftlichen Entwicklungen und stets geprägt durch die Mentalität der Menschen, denen sie dienen sollte. Ein wesentliches Merkmal der visuellen Kommunikation ist daher der »dynamische Umgang« mit den Wirkungsweisen der Medien:
An Gestaltung lässt sich schließlich ablesen, wie modern, aufrührerisch, konservativ oder brav eine Botschaft sein soll. »Dynamischer Umgang« bedeutet daher, Regeln auszuloten und sich gegebenenfalls auch über sie hinwegzusetzen. Dass man sie kennen muss, um das zu tun, ist eine Binsenweisheit und reicht eigentlich nicht aus. Denn von Gestaltern sollte man mehr verlangen können: eine Haltung allen gesellschaftlichen Fragen gegenüber und die Fähigkeit, sich substantiell an inhaltlichen Diskussionen beteiligen zu können. Beides setzt umfängliches soziokulturelles Wissen voraus, das deutlich über die Kenntnis

(84) Detailtypografie

siehe S.92

typografischer Prozesse hinausreicht. Das Zusammenspiel von Wissen und Intuition ist ein Wesensmerkmal des Gestaltungsberufes. Der Schriftsteller Jorge Luis Borges definierte Literatur als ein Wechselspiel zwischen »Ordnung und Abenteuer«. Diese Definition übernahm der belesene argentinische Trainer César Luis Menotti für den Fußball. Wir meinen, eine Mischung aus »Ordnung und Abenteuer« sollte das Leben sowieso sein, und was für's Leben gilt, gilt für die Gestaltung erst recht.

Ein kleines Regelwerk, das übergreifend für jede typografische Gestaltung gilt und das diesen Namen auch voll und ganz verdient, gibt es dann aber doch. Es bezieht sich allerdings nicht auf die Gestaltung selbst, sondern auf den Umgang mit Schrift: Es handelt sich um die Orthotypografie **(84)**. Hier ist unter anderem festgelegt, wie richtige An- und Abführungen auszusehen haben oder was den Gedankenstrich vom Trennstrich unterscheidet. Diese orthotypografischen Gesetze sind die einzigen, bei deren Gebrauch man guten Gewissens von »richtig« oder »falsch« in der Typografie sprechen kann.

<S.89 Der Kommentator Otl Aicher

Otl Aicher nahm zu vielen Entwicklungen innerhalb und außerhalb der visuellen Kommunikation Stellung. Das unterschied und unterscheidet ihn bis heute von einem Großteil der Designer in Deutschland. Aicher prägte auf diese Weise die Positionen zur visuellen Kommunikation von den 60ern bis zu seinem Tod 1991. Er hatte eine klare politische Haltung, war verheiratet mit Inge Scholl, deren Geschwister von den Nazis ermordet worden waren und dachte bereits unmittelbar nach dem Kriegsende daran, die Ideale des Bauhauses wiederzubeleben. Aicher gilt als ein beispielgebender Protagonist der Moderne. Natürlich gab es in jenen Jahren weitere Designer, die mit vergleichbaren Positionen zur Typografie, wie Aicher sie formulierte, aufwarten konnten. Sie erreichten Aichers Bekanntheitsgrad meist deshalb nicht, weil ihnen sein Charisma, die politische Dimension der Aussagen und nicht zuletzt auch sein Talent zum Reden und zum Schreiben fehlten.

<S.91 Designer und der Zeitgeist

Das Selbstverständnis von Designern ist in einem stetigen Wandel begriffen. »Schuld« daran sind sich ändernde gesellschaftliche Rahmenbedingungen, sich abwechselnde Kulturphänomene und natürlich auch technische Entwicklungen in den Kommunikationsmedien. In den frühen 50er-Jahren noch als »solide Handwerker« beginnend, gerierten sich viele Designer in der Folge als »humanistische Erneuerer« (1950er- und 1960er-Jahre), als »rebellische Avantgarde« (1960er- und 1970er-Jahre), als »postmoderne Oberflächenarchitekten« (1980er-Jahre) oder als »selbstverliebte Inszenatoren« von Kommunikation (seit den 1990er-Jahren). Zugegeben, die Zuschreibungen sind polemisch und klammern die Heterogenität der Zunft aus. Dennoch lassen sich Tendenzen dieser Art immer wieder feststellen. So spielt seit einigen Jahren die Zuschreibung der »Gestalter als Autoren« eine immer größere Rolle – sei es als visuelle Forscher, als Kommentatoren visueller Phänomene oder als Herausgeber gestalterischer Statements (siehe auch Kapitel A2). Begonnen hatte diese neuere Entwicklung eigentlich schon Ende der 2000er-Jahre unter dem formalen Einfluss des aus den USA herüberschwappenden »Hipstertums« (siehe Kapitel A3), allerdings bezog sich die Entwicklung damals auf grafische Arbeiten, oft jenseits der kommerziellen Auftragswelt. Heute, unter dem Leitstern der Worte »Glaubwürdigkeit« und »Nachhaltigkeit«, ist bei vielen Gestaltern die Neigung virulent, sich nicht nur grafisch zu äußern, sondern sich auch inhaltlich einzumischen. Wie die gewachsenen Herausforderungen einer komplexen Kommunikationswelt zeigen, wird diese inhaltliche Einmischung auch benötigt – in Form interdisziplinärer Lösungen und designerischer Denkansätze (87). Unter dem Begriff »Design thinking« wird seit Längerem bereits über den Nutzen designerischen Denkens in disziplinübergreifenden Entwicklungsprozssen diskutiert.

<S.93 Tschichold über Regeln und wer sie einhalten sollte

»Typografische Empfehlungen« sind im Einzelfall konkret, häufig zeigen die Fachbücher auch nur anhand gelungener Beispiele, mit welchen typografischen Mitteln dies erreicht wurde. Den Begriff »Regeln« sollte man vermeiden, da er impliziert, dass es nur diese eine Art der Umsetzung geben kann. Das kann jedoch so kategorisch nicht behauptet werden. Jan Tschichold, den man als einen der »Gründerväter« der modernen Typografie bezeichnen kann, differenzierte diese Sichtweise, indem er zwischen Buchgestaltern und Graphikern unterschied. Letzteren gestand er durchaus eine zeitbezogene und legitime »Suche nach neuen Ausdrucksmitteln« zu. Für »Buchgestalter« zog er engere Grenzen. In dem Buch »Ausgewählte Aufsätze über Fragen der Gestalt des Buches und der Typographie« (88) schrieb er: »(…) Die Arbeit des Graphikers muss den Bedürfnissen des Tages entsprechen und lebt, außer in graphischen Sammlungen, selten längere Zeit; das Buch aber soll die Zeiten überdauern. Selbstverwirklichung ist das Ziel des Graphikers, Selbstentäußerung die Aufgabe des seiner Verantwortung und Pflicht bewussten Buchkünstlers. Das Feld des Buches ist daher kein Gebiet für denjenigen, der »den Ausdruck der Gegenwart prägen« oder »Neues« schaffen will. In der Buchtypografie kann es nichts Neues im strengen Sinne dieses Wortes geben. (…)« Tschichold, der mit seinen Büchern »elementare typographie« (1925) und »Die neue Typographie« (1928) Meilensteine in der Entwicklung der Typografie geschaffen hatte, äußerte sich auch hinsichtlich diverser Regeln, die in der Buchgestaltung eingehalten werden sollten, indem er »Zehn häufige Kardinalfehler der Buchherstellung« anprangerte. Auch wenn man heute in der Buchgestaltung nicht mehr auf diese Verdikte eingehen mag – sie zu kennen und sich mit ihnen auseinanderzusetzen, kann die Qualität der Gestaltung nur erhöhen. In jedem Fall aber ist es offensichtlich immer das Medium, in diesem Fall das Medium Buch, das die Anforderungen an einen bestimmten Umgang mit Schrift bestimmt. Insofern hat Jan Tschichold ein zeitloses Statement verfasst.

<S.95 **Methoden können vielfältig sein**

Da Gestaltung kein technischer Prozess ist (wie etwa in der Industrie oder im Handwerk), sondern auch von irrationalen kreativen Eingebungen lebt, gibt es auch andere Wege, zu überzeugenden gestalterischen Lösungen zu kommen. Die im Text aufgeführte Definition zeigt, woraus sich der Gestaltungsprozess üblicherweise zusammensetzt. Weitere Hintergründe zu den Prozessen, die visueller Kommunikation zu Grunde liegen, finden sich in Kapitel C1.

(87)

Participate

Designing with user-generated content

Helen Armstrong und Zvezdana Stojmirovic
Princeton Architectural Press, New York, ISBN 978-1-616-89025-4. In englischer Sprache.

In dem Buch diskutieren zahlreiche Autoren den partizipativen Aspekt in Designprozessen. In vier Kapiteln wird beschrieben, auf welche Weise die Zusammenarbeit von Laien und Designern zu offenen Systemen statt zu statischen Lösungen führen kann.

(88)

Ausgewählte Aufsätze über Fragen der Gestalt des Buches und der Typographie

Jan Tschichold
Birkhäuser Verlag, ISBN 3-7643-1946-1

Das Buch versammelt viele Ansichten zu verschiedenen Aspekten insbesondere der Buchgestaltung. Ein lesenswertes kleines Kompendium, das an manchen Stellen veraltet wirkt, aber in vielen Punkten auch heute noch aktuelle Gesetzmäßigkeiten anspricht.

B

Sprache
Schrift
Lesevorgang
Sakkaden
Schriftenvielfalt
»gute« Schrift
»schlechte« Schrift
Displayschriften
Satzschriften
Klischees

Satzschriften
Lesbarkeit
Buchstabenformen
Formensprache
Rhythmus
Zeichenabstände

»gute« Schrift
ASCII-Code
Standardzeichen
OpenType
Unicode-Standard
Schriftfamilie
Schriftsippe

Liste der 100 besten Schriften
Geschmacksfragen

2 Über Schrift.

Schrift ist geschriebene Sprache –– Wie man liest –– Was ist eine gute Schrift? –– Ein wichtiger Ratschlag für Friseure und Leichenbestatter –– Über Geschmack und Funktionalität –– Die besten Schriften aller Zeiten.

(89)

Das lesende Gehirn

Wie der Mensch zum Lesen kam –
und was es in unseren Köpfen bewirkt

Maryanne Wolf
Spektrum Akademischer Verlag,
ISBN 978-3827421227

Die amerikanische Wissenschaftlerin Maryanne Wolf beschreibt die neuronalen Vorgänge, die sich während des Lesens im Gehirn abspielen und reflektiert die gesellschaftliche und soziale Dimension der schriftlichen Kommunikation.

Schrift stellt Sprache bildlich dar. Diese Transformation hat Konsequenzen für den Inhalt und seinen Kontext, wie der folgende Vergleich zeigt. Das gesprochene Wort erreicht uns mit einer Reihe von Zusatzinformationen – dem Klang der Stimme des Sprechenden, seiner Mimik, seiner Gestik. Darüber hinaus sind der Ort des Geschehens, die Zeitumstände oder unsere augenblickliche Gemütsverfassung weitere Indikatoren, die die Wirkung des gesprochenen Wortes mitbestimmen. Diese Kombination von Informationen und Eindrücken ist es, die eine verbale Botschaft unmittelbar, einmalig und unwiederholbar macht. Im Gegensatz dazu steht die geschriebene Mitteilung. Sie muss ohne die aufgezählten Zusatzinformationen auskommen und sich zunächst auf den eigentlichen Sinn der Botschaft konzentrieren. Die schriftliche Mitteilung besteht aus einer Kette von aufeinander folgenden Sequenzen (Wörtern und Sätzen), deren lineare und grammatikalische Struktur den Inhalt logisch ordnet. Bei der Transformation von Sprache in Schrift geschehen daher zweierlei Dinge: Es bildet sich der – vom Kontext der Sprache und der Umstände entkleidete – Sinn der Botschaft heraus. Die »reine« Botschaft kann aber nicht kontextfrei dargestellt werden, da jede Gestaltung, so »wertfrei« sie auch sein will, eine Ausstrahlung besitzt. Folgerichtig wird der fehlende sprachliche Kontext durch einen visuellen ersetzt. Da jeder Inhalt anders kommuniziert werden muss, benötigt man Instrumente zur gestalterischen Differenzierung. Das ist ein Grund, warum es viele Schriften mit unterschiedlichen Charakteren (und viele weitere grafische Elemente der Inszenierung) gibt.

* Untersuchungen zur Wahrnehmungsforschung > S.112

* Wie das Gehirn liest > S.112

Doch zunächst einige Worte zum Lesevorgang selbst (89). Die kleinste Einheit der Schrift – der Buchstabe – ist wichtig und unwichtig zugleich. Denn der einzelne Buchstabe wird gar nicht gelesen: das Auge gleitet vielmehr ruckartig über die Zeilen, das Lesen ist eher ein Erraten, Erkennen und Vergewissern. Anders als auf diese Weise wäre es gar nicht möglich, einigermaßen schnell von Zeile zu Zeile zu eilen. Wie gut dieses Lesen in Sakkaden □ gelingt, hängt ab von der Eindeutigkeit der Buchstabenformen und ihrer Zurichtung untereinander. Obwohl die Buchstaben aller Schriften, die wir verwenden, auf den gleichen Zeichen unseres Alphabets basieren, haben doch alle Schriften ihren eigenen Charakter. Die Bandbreite reicht von Schriften, deren Auftrag das mühelose Lesen großer Textmengen in kleinen Schriftgraden ist, bis zum schwergewichtigen Auftritt als laute Headline. Ohne die Erkenntnis, dass Schriften Instrumente zur gestalterischen Differenzierung sind, wäre diese Vielfalt sinnlos (oder jedenfalls nur eine formale Spielerei). Typografen gestalten mit verschiedenen Schriften, aber entwerfen sie meist nicht. Es ist ein Wesensmerkmal der Typografie, dass sie mit vorgefundenem Material zurechtkommen muss. Die Herausforderung besteht darin, aus dem riesigen Angebot diejenigen Schriften auszuwählen, die am geeignetsten für den jeweiligen Inhalt erscheinen. Ein anspruchsvolles Unterfangen, das häufig als Dilemma empfunden wird. Es gipfelt in der Frage: Was ist überhaupt eine gute Schrift? Bevor man darauf antwortet, sollte man schauen, wer diese Frage stellt. Wir können Laien nicht in zehn Sätzen erklären,

□ S.150

* Die ersten 500 Millisekunden des Lesens > S.112

* Schriftentwerfer und die Typografie > S.113

(90)
Wegweiser Schrift

Erste Hilfe im Umgang mit Schriften
Was passt – was wirkt – was stört.

Hans Peter Willberg
Verlag Hermann Schmidt Mainz,
4. Auflage 2011,
ISBN 978-3-87439-569-4

Das Buch bietet Orientierung bei der Wahl der typografischen Mittel. Detailliert werden die Klassifikation, die Wahl und das Mischen von Schriften behandelt.

wofür Gestalter ein Studium benötigen. Es geht um das Gespür für Proportionen und das Wissen über die Gesetzmäßigkeiten und Wirkungsweisen des Leseprozesses. Was Laien also im Internet an Schriften aufsammeln oder aus anderen Quellen beziehen, anschließend auf Postkarten verschicken, in Fotoalben kleben oder auf ihren Homepages verwenden, kann hier nicht Gegenstand der Diskussion sein. Hier gilt nur die grundsätzliche Empfehlung: Eine Schrift sollte lesbar sein. Fragt ein angehender Gestalter nach den Kriterien, die eine gute Schrift ausmachen, lautet die Antwort: Es gibt keine »guten« oder »schlechten« Schriften, sondern immer nur passend oder nicht passend eingesetzte, vorausgesetzt, man bedient sich am Markt professionell gemachter Schriften **(90)**. Wer sich bei entsprechenden Schriftvertreibern umschaut, kann zum Beispiel in der Kategorie □ S. 149 Displayschriften □ guten Gewissens viele von ihnen hässlich, missraten oder verunglückt (oder witzig, schräg und originell) finden. Das ist Geschmackssache, solange diese Schriften dort eingesetzt werden, wo sie nach Ansicht ihrer Entwerfer hingehören (Display). Verirren sich diese Schriften in den Bereich der Satzschriften (wo die Skala ebenfalls von hässlich bis originell reicht), ergeht es ihnen wie Satzschriften, die als Displayschriften eingesetzt werden – sie funktionieren an ihren neuen Bestimmungsorten nicht. Die Unterscheidung zwischen Displayschriften und Satzschriften ist auch deshalb wichtig, weil die Gestaltung von größeren Textmengen eine ganz besondere Sorgfalt erfordert.
□ S. 150 In puncto Lesekomfort □ sind die meisten Menschen nämlich konservativ. Jede Störung (uneindeutige Buchstabenformen, Flecken, Löcher oder Verklumpungen im Schriftbild) wird registriert und kann als Ärgernis empfunden werden. Aber ob es sich nun um den Einsatz im Display- oder im Satzbereich handelt: In jedem Fall sollte eine Schrift zu dem Inhalt passen, den sie visualisieren soll. So einfach sich diese Empfehlung anhört, so schwierig ist die Gratwanderung zwischen einer klischeehaften und einer differenzierten Umsetzung. Der wichtigste Ratschlag für angehende Gestalter ist vielleicht der, dass sie nicht dem Irrtum erliegen sollten, mit der Wahl einer für den Inhalt naheliegenden Schrift den Gestaltungsauftrag bereits gelöst zu haben. In den seltensten Fällen können Schriften, die eine offensichtliche (und daher oft triviale) Botschaft transportieren, eine subtile und damit nachhaltige Wirkung erzielen. Der Name eines Friseurs in *Schreibschrift* oder der Schriftzug eines Bestattungsunternehmens in der *Fraktur* bedienen Klischees, die auf den ersten Blick treffend sein mögen, letztendlich aber dem Niveau eines Liebesromans ähneln, in dem es um den Frauenarzt geht, dem die Frauen vertrauen, oder um den Förster, dem die junge Bäuerin ihr Herz schenkt. Man kann dieser Aussage durchaus widersprechen. Warum sollen Friseure ein differenziert gestaltetes Erscheinungsbild bekommen, wenn die klischeehafte Darstellung ihren Charakter doch bereits trifft? Die Antwort lautet: weil dann alle Friseure das gleiche Erscheinungsbild hätten und sich nur im Namen unterschieden. Wie eingangs erwähnt, ist es aber die Aufgabe visueller Kommunikation, Inhalte gestalterisch zu differenzieren. Das Aufbrechen von Klischees ist umso wichtiger, als die industrielle Typisierung unseres Alltags ein visuelles Klima der Austauschbarkeit erzeugt.

* Schriften und ihre kulturelle Konnotation
> S. 113

(91)

Wie man´s liest

Gerard Unger
Niggli Verlag, Sulgen 2009,
ISBN 978-3-7212-0673-9

Der international renommierte holländische Autor und Schriftgestalter äußert sich zum Leseprozess, zum Leseverhalten und zur Lesbarkeit von Schriften anhand verschiedener typografischer Experimente.

(92)

Anatomie der Buchstaben

Basiswissen für Schriftgestalter.

Karen Cheng
Verlag Hermann Schmidt Mainz, 2. Auflage
2006, ISBN 978-3-87439-689-9

Die Autorin behandelt Buchstaben im Detail und erklärt, wie die Ausstrahlung von Schriften zu Stande kommt. Anhand zahlreicher Beispiele werden die Konstruktionsprinzipien von Schriftzeichen dargestellt.

Dem Individuellen ein Gesicht zu geben, ist daher auch eine Aufgabe öffentlichen Interesses. Und vielschichtig genug sind die Menschen ja, um sie variantenreich in Szene zu setzen. Im Falle des Friseurs reicht es bereits, sich die Unterschiedlichkeit der avisierten Zielgruppen vor Augen zu führen – in puncto Alter, Seriosität oder Hippness. Über Geschmack lässt sich streiten, über Funktionen nicht. Wendet man sich den Schriften zu, die unter dem Begriff »Satzschriften« firmieren, die also im funktionalen Segment der Typografie den Leseprozess steuern, dann gibt es doch einige Kriterien, die Schriften als »gut« erscheinen lassen. Eine »gute« Schrift ist erst einmal gut lesbar. So einfach diese Erkenntnis ist, so vielfältig sind die Faktoren, die eine gute Lesbarkeit ausmachen:

1. Eindeutige Buchstabenformen
Schriften mit eindeutigen Buchstabenformen (die im kollektiven Schriftgedächtnis unbewusst abgeglichen werden) sind gut lesbar, weil man beim Lesen oberflächlich über sie hinweggleiten kann. Dabei ist die obere Hälfte der Buchstaben charakteristischer und damit wichtiger für das schnelle Erkennen als die untere Hälfte. Extravagante Buchstabenformen sehen vielleicht schön aus, stören aber, da das Auge an ihnen hängen bleibt und sich der Leseprozess verlangsamt.

2. Einheitliche Formensprache
Die Buchstaben einer sorgfältig gezeichneten Schrift weisen eine einheitliche Formensprache auf. Sie besitzen dann aufeinander abgestimmte Proportionen und bestehen aus optisch angeglichenen Buchstabenteilen. Dazu zählen einheitliche Strichstärken, gleiche Anschlüsse oder gleiche Serifenformen (91).

3. Rhythmus
Ein wichtiges Indiz für gute Lesequalität ist der Rhythmus der Schrift. Worte sind schwer zu lesen, wenn die Abstände ihrer Buchstaben nicht harmonisch aufeinander abgestimmt sind. Bei einer guten Satzschrift sind die Weißräume innerhalb der Buchstaben und die Weißräume zwischen den einzelnen Buchstaben etwa gleich groß. Dadurch wirkt der Grauwert des Schriftbildes gleichmäßig (92).

4. Zeichenabstände
Jeder Buchstabe besitzt seine eigene Zeichenbreite sowie Vor- und Nachbreiten, die dafür sorgen, dass die Buchstaben einander nicht berühren. Man nennt dies Dickte. Bestimmte Zeichenkombinationen benötigen etwas mehr, andere weniger Zwischenraum (zum Beispiel LT oder To). Bei einer guten Schrift sind solche kritischen Zeichenpaare bereits ausgeglichen. Man nennt dies Kerning.

Sind die genannten Kriterien erfüllt, darf gratuliert werden. Diese Schrift bringt viele Voraussetzungen für gute Lesbarkeit mit. Es soll jedoch nicht der Eindruck erweckt werden, dass der gewissenhafte Typograf bei der Wahl einer Schrift mit der Lupe Punzen beäugt oder Binnenräume nachmisst. Ihm reicht der Blick auf das Schriftbild.

(93)
www.fontshop.com/opentype

(05)
Schriften erkennen

siehe S.18

(94)
siehe Linkliste auf Seite 162

(95)
www.100besteschriften.de

Und das ist im Idealfall fleckenlos, hat einen harmonischen Grauwert und liest sich einfach. Dass es dafür weiterer Maßnahmen bedarf, etwa eines angemessenen Zeilenabstands, einer dem Anlass angemessenen Schriftgröße, Laufweite und Zeilenlänge, versteht sich von selbst.

Zwei weitere Kriterien, die eine brauchbare Satzschrift erfüllen sollte, beziehen sich auf ihren möglichst flexiblen Einsatz. Zum einen sollte ihr Zeichensatz gut ausgebaut sein. Eine gute Schrift besitzt mindestens die gesamte Anzahl der im ASCII-Code festgelegten Standardzeichen, die in der schriftlichen Kommunikation der westlichen Welt üblich ist. Zu den Standardzeichen zählen Groß- und Kleinbuchstaben, diakritische Zeichen, Satzzeichen und Ziffern. Je nach Einsatzzweck müssen Schriften ein zusätzliches Zeichenrepertoire besitzen (zum Beispiel Sonderzeichen aus den Naturwissenschaften, manchmal sogar andere Schriftsprachen wie etwa Kyrillisch). Es wäre ärgerlich, wenn man bei derlei inhaltlichen Anforderungen feststellen müsste, dass das Zeichenrepertoire nicht ausreicht. Das OpenType-Schriftformat, das auf dem Unicode-Standard basiert, ermöglicht es, in nur einer Schriftdatei dieses erweiterte Zeichenrepertoire aufzunehmen. Da die Erstellung und Ausstattung eines OpenType-Fonts mit mehreren hundert Zeichen in der Regel sehr aufwendig ist, kann dies bereits ein Indiz für eine qualitativ hochwertige Schrift sein **(93)**. Zum anderen sollte man auf den Ausbau der Schrift als Familie achten. Schriften, die vielfältig eingesetzt werden sollen, müssen eine bestimmte Bandbreite an Auszeichnungsmöglichkeiten abdecken können. Eine gute Schrift ist daher zumindest als Schriftfamilie vorhanden. Zu einer Schriftfamilie zählen mehrere Schriftschnitte, zum Beispiel: normal, kursiv und halbfett. Moderne Schriften werden oft als System konzipiert und verfügen über eine Vielzahl differenzierender Schnitte – zum Beispiel in kleinen Abstufungen von leicht bis ultrafett. Schriftfamilien, die es als Antiqua- und als Groteskschriften (vielleicht zusätzlich noch als Egyptienne-Schriften) gibt, bezeichnet man als Schriftsippen. Solche Schriftsippen ermöglichen eine große Variabilität in der Gestaltung **(05)**.

* Weitere Qualitätsmerkmale
> S.113

* Schriftklassifikation
> S.113

Die positive Beurteilung einer Schrift hängt also davon ab, wie gut sie ihre Zweckbestimmung erfüllen kann. Die genannten Kriterien bilden dafür eine solide Basis. Dennoch: Wer eine Schrift auf ihre Eignung hin überprüfen will, muss sie an ihrem Einsatzort erproben. Das gelieferte Hintergrundwissen ist hilfreich, ersetzt jedoch nicht das persönliche Empfinden. Wer einen guten Überblick sucht, welche Schriften wo eingesetzt werden und von wem sie entworfen wurden, dem seien die verschiedenen Fachbücher ans Herz gelegt, auf die hier verwiesen wird. Darüber hinaus bieten die großen Schriftenvertreiber analoge und digitale Fontkataloge an, Blogs diskutieren Neuerscheinungen, Zeitschriften zeigen Trends und Moden **(94)**. 2007 erstellte der Fontshop eine Liste der 100 besten Schriften aller Zeiten **(95)**.[1] Es war die letzte in diesem Umfang durchgeführte Evaluation, weshalb viele neue Schriften der letzten Jahre dort keinen Eingang finden konnten. Dennoch ist die Liste aufschlussreich. Ermittelt wurde

1 www.100besteschriften.de

(96)
Über Schrift

Erik Spiekermann
Verlag Hermann Schmidt Mainz 2004,
ISBN 978-3-87439-661-5

Der Autor zeigt an vielen Beispielen, wie omnipräsent und alternativlos das Kommunikationsmittel Schrift im Alltagsleben ist. Mit vielen Detailinformationen zu dem Charakter einzelner Schriften und in welchen Medien sie eingesetzt werden.

sie von einer namhaften Jury. Zur Entscheidung trugen drei Kriterien bei: die Verkaufszahlen zu 40 %, die historische Bedeutung zu 30 %, die ästhetische Qualität zu 30 %. An der Wahl der Kriterien kann man bereits eine subjektive Sichtweise ablesen. Dennoch ist dieses Ranking für Typografen sehr aufschlussreich – es verlangt ja keiner, derselben Meinung zu sein wie die Juroren. Und hier betreten die ersten zwanzig dann die Bühne, endlich:
1 *Helvetica*, 2 *Garamond*, 3 *Frutiger*, 4 *Bodoni*, 5 *Futura*, 6 *Times*, 7 *Akzidenz Grotesk*, 8 *Officina*, 9 *Gill Sans*, 10 *Univers*, 11 *Optima*, 12 *Franklin Gothic*, 13 *Bembo*, 14 *Interstate*, 15 *Thesis*, 16 *Rockwell*, 17 *Walbaum*, 18 *Meta*, 19 *Trinité*, 20 *DIN*.

Ob man wirklich 20 Schriften im Gestalterleben benutzt, etwa die eben aufgeführten, ob man eine viel größere Auswahl benötigt oder mit nur wenigen (und anderen als den im Ranking genannten) auskommt, das ist – neben sachlichen Erwägungen – eine Geschmacksfrage. Wie unterschiedlich solche Auflistungen sein können, zeigen die Lieblingsschriften des Autors:
Maison, *Proforma*, *Fedra*, *Garamond*, *Avenir*, *Akzidenz Grotesk*, *Letter Gothic*, *Bell Centennial*, *Simplon* … Man könnte noch viel erzählen über Schriften: Welches typografische Vergehen ein gewisser Herr Goudy mit dem »Schänden von Schafen« verglichen hat und warum das gleiche Delikt in den USA »Schafe stehlen« heißt. Oder was Kapitälchen mit dem Kapitalismus zu tun haben. Aber das sind Geschichten, nachzulesen in einem anderen Buch (96).

<S.103 Untersuchungen zur Wahrnehmungsforschung

Untersuchungen der Wahrnehmungsforschung haben ergeben, dass die Erfassung textlicher Botschaften stets vom Gesamtbild zum Detail verläuft. Die Ausstrahlung des Gesamtbildes wiederum aktiviert gelernte kulturelle Konventionen im Gehirn des Betrachters. Er weiß, wie Texte und ihre medialen Zuordnungen aussehen und unterstellt beim Betrachten eines Textes diesem folglich eine bestimmte Bedeutungsebene. Beispiel: Texte, die wie ein Zeitungslayout gegliedert sind, werden zunächst als Zeitungslayout identifiziert – unabhängig davon, ob der Text Nachrichten enthält oder Lyrik oder ein Paragraphenwerk. Die anordnenden Formmerkmale der Makrotypografie appellieren an ein hypothetisches Wissen des Betrachters und definieren so seinen Interpretationsspielraum. Er wird folglich bei jeder Textkonfiguration, auf die sein Auge trifft, versuchen, eine Bedeutungsebene zu definieren. Der Betrachter ist nicht in der Lage, eine Textgestalt ohne erste interpretatorische Bemühungen wahrzunehmen. Für ihn kann es also einen »neutralen« Text nicht geben (96).

<S.103 Wie das Gehirn liest

Dr. Maryanne Wolf, Professorin der Tufts University (USA), hat ein Buch verfasst, in dem sie sich mit dem Lesen beschäftigt (»Das lesende Gehirn«, Spektrum, Akademischer Verlag). Drei wesentliche Erkenntnisse kann man aus ihren Untersuchungen extrahieren: 1. Das Lesen setzt ein umfängliches neuronales Vernetzen des Gehirns in Gang. Diese Vernetzung formt und entwickelt das Gehirn, denn bei diesem handelt es sich um eine »offene Architektur«, die ständig neue Verbindungen herzustellen in der Lage ist. Das Lesen fördert demnach das allgemeine Leistungsvermögen des Gehirns. 2. Das Lesen, insbesondere das geübte Lesen, stärkt das assoziative Potential des Gehirns. Beim Lesevorgang werden nämlich ständig die semantischen und syntaktischen Dimensionen des Textes mit dem vorhandenen Wissen abgeglichen. Der Lesevorgang aktiviert auf diese Weise die verschiedenen Formen des Gedächtnisses und fügt diesen zugleich ständig neue Informationen hinzu. 3. Das geübte Lesen verschafft dem Gehirn Zeit zur Reflexion und für ein Weiterdenken. Während das Gehirn beim Lesen eines Textes sämtliche visuellen, auditorischen, semantischen und syntaktischen Informationen miteinander in Einklang bringt und die entsprechenden Schlüsse daraus zieht, beginnt es bereits während des Leseprozesses, diese Informationen mit eigenen Gedanken und persönlichen Einblicken zu verknüpfen. Diese eigenen Gedanken bereits während des Lesens zu entwickeln bedeutet Interpretation, Reflexion und Abschweifung zugleich. Vor diesem Hintergrund hält Wolf das Lesen für eine Errungenschaft, die intelligenzbildend ist. Sie stellt die Frage, welche geistigen Kompetenzen sich entwickeln werden, wenn sich an Stelle des Lesens (und der damit verbundenen geistigen Aktivitäten) zunehmend die audiovisuelle Kommunikation durchsetzt, also das überwiegende Informieren durch Bild- und Sprachbotschaften. Eine Antwort auf diese Frage findet sie nicht, da hier die Forschung noch keine Erkenntnisse geliefert habe.

<S.103 Die ersten 500 Millisekunden des Lesens

Wolf hat sich in ihrem Buch im Detail mit den neurobiologischen Vorgängen im Gehirn beschäftigt, die während des Lesevorganges geschehen. Um diese Vorgänge zu veranschaulichen, betrachtet sie den Beginn des Lesevorganges bei einem geübten Leser. Sie beschreibt den Ablauf innerhalb der ersten 500 Millisekunden. In den ersten 0–100 Millisekunden richtet der Leser seine Augen auf ein Wort. Hier geschehen bereits eine Reihe kognitiver Operationen, die verschiedene Hirnareale aktivieren. In dieser ersten Phase der »Aufmerksamkeit« versucht der Leser, gebräuchliche und damit identifizierbare Buchstabenmuster zu erkennen. Hat er solche entdeckt, werden über das ganze Gehirn verteilte neuronale Netzwerke aktiviert: die Areale der visuellen und orthografischen Musterrepräsentationen ebenso wie die der phonologischen*. Untersuchungen haben gezeigt, dass die Augen währenddessen nicht etwa mühelos über die Buchstaben gleiten, sondern fortlaufend kleine Bewegungen machen, die man Sakkaden nennt. Unterbrochen werden sie von »kurzen Augenblicken« in denen die Augen beinah innehalten, um »Fixationen« vorzunehmen. Die Augen lesen nicht nur von links nach rechts**, sie springen in mindestens einem Zehntel der Zeit in kurzen »Regressionen« wieder zurück, um den Text nach möglicherweise entgangenen Informationen abzusuchen. Die Sakkaden, also der in kleinen Bewegungen fortschreitende Lesevorgang, umfasst in der Regel acht Buchstaben (bei Kindern sind es weniger). Eine weitere Eigenschaft der Augen ermöglicht es, dass wir gleichzeitig »vorwärts« schauen können – in einen sogenannten »parafovealen« Bereich und in einen »peripheren« Bereich. Diese Vorausschau auf den Text, der gleich kommen wird, umfasst nach Untersuchungen von Dr. Wolf im englischen Text ca. 15 Buchstaben. Der Vorteil dieser Vorausschau liegt darin, dass das Millisekunden später angetroffene Wort leichter identifiziert wird. Zwischen 150 und 200 Millisekun-

* In der Forschung ist die Rolle der Lautsprache beim Lesevorgang umstritten. Es geht um die Frage, ob Text ohne eine »phonologische Recodierung« (das »stumme Mitsprechen« also) gelesen oder ob Text rein visuell erfasst werden kann. Die Frage hört sich etwas merkwürdig an, ist es aber nicht, wenn man die Historie des Lesens heranzieht: Bis zum 8. Jahrhundert nämlich wurde sowohl beim Lesen als auch beim Schreiben laut mitgesprochen. Ungefähr zur gleichen Zeit begann man erst, Worttrennungen beim Schreiben einzuführen. Zuvor waren Texte eine endlose Reihe von Buchstaben ohne wortgliedernde Zwischenräume. Erst im 11. Jahrhundert wurde die gliedernde Form des Schreibens zu Gunsten eines besseren Leseverständnisses systematisch eingeführt. Leises und lautes Lesen wurden erst im 18. Jahrhundert verdrängt und durch das stumme Lesen abgelöst (siehe Buchempfehlung 96).

den wird dann der Frontallappen aktiviert, dort sitzen die Ausführungs- und Aufmerksamkeitssysteme. Hat das Ausführungssystem entschieden, dass ausreichend viele Informationen zum Textverständnis vorliegen, setzen die Augen nach ca. 250 Millisekunden zur nächsten Sakkade an. Ungefähr zu diesem Zeitpunkt setzen die semantischen wie syntaktischen Informationen eine Reihe von weiteren Gehirnarealen in Gang. Die Verarbeitung von Inhalt und Bedeutung geschieht zwischen 200 und 500 Millisekunden.

<S.103 Schriftentwerfer und die Typografie

Einige wenige Typografen beschäftigen sich auch mit dem Entwurf von Schriften. Aber selbst sie kommen bei den alltäglichen Kommunikations- und Gestaltungsaufgaben nicht ohne bereits bestehende Schriften aus. All denjenigen unter den Gestaltern, die sich an den Entwurf einer Schrift wagen, sollte bewusst sein, dass die seriöse Entwicklung eine Expertise voraussetzt, die weit über das Wissen hinausgeht, das an Gestaltungshochschulen üblicherweise vermittelt wird. Einige wenige Hochschulen in Europa haben sich auf die Vermittlung solchen Wissens spezialisiert, etwa die Koninklijke Academie van Beeldende Kunsten, KABK, Den Haag (NL), die University of Reading (UK), die École Supérieure d'Art de Lorraine, Metz (F) oder die Hochschule für Grafik und Buchkunst, Leipzig.

<S.105 Schriften und ihre kulturelle Konnotation

Schriften erhalten ihren Platz im kollektiven Gedächtnis einer Kultur durch ihren Gebrauch für bestimmte Inhalte. Diese »Konnotation« ist vielerorts zu registrieren: Gebrochene Schriften wie die Fraktur werden (wenn auch missverständlicherweise) mit der Nazizeit in Verbindung gebracht, stehen aber zunehmend auch für bestimmte Subkulturen oder Musikstile. Klassizistische Antiquas wie die Bodoni werden häufig in Modemagazinen verwendet, die Schrift DIN erhält ihre Konnotation durch die Verwendung auf Verkehrsschildern. Verschiedene Varianten der Optima tummeln sich im Bereich der Parfümerie und Kosmetik, Schreibmaschinenschriften (Monospace-Schriften) vermitteln wiederum den Eindruck eines temporären und manuskripthaften Charakters. Jeder Leser kann diese Reihe nach Gutdünken fortsetzen.

<S.109 Weitere Qualitätsmerkmale

Viele der Kennzeichen für eine gute Schrift sind mit einem erhöhten Arbeitsaufwand verbunden. Man kann davon ausgehen, dass dies nicht geschieht, um dann in dem einen oder anderen Kriterium zu »patzen«. Eine Vielzahl von Schnitten, das »Hinting« (die Optimierung von Buchstaben für die Darstellung auf Bildschirmen) und viele weitere Maßnahmen zur Qualitätssicherung sind ein sicheres Unterscheidungsmerkmal gegenüber jenen Schriften, die aus einer Laune heraus das Licht der Welt erblickten und die für die meisten typografischen Aufgaben auf Grund ihrer begrenzten Qualität nicht in Frage kommen.

<S.109 Schriftklassifikation

Die Begriffe Grotesk für serifenlose und Egyptienne für serifenbetonte Schriften sind alt und haben sich in der Umgangssprache durchgesetzt. Der Typograf Hans Peter Willberg versuchte sich an einer sprachlichen Systematisierung, die sich weitgehend durchgesetzt hat. Orientiert man sich an seinem System, lauten die korrekten Bezeichnungen: Renaissance-Antiqua, Barock-Antiqua, Klassizistische Antiqua, serifenlose Linear-Antiqua (Grotesk), serifenbetonte Linear-Antiqua (Egyptienne), gebrochene Schriften (Fraktur und andere). Dem Buch »Schriften erkennen« von Willberg ist eine differenzierte Beschreibung dieser Auflistung zu entnehmen, inklusive diverser Zwischenklassen und Sonderfälle.

(97)
Typografische Kultur

Susanne Wehde
Verlag de Gruyter, 2000, ISBN 978-348435069-4

Diese zeichentheoretische und kulturgeschichtliche Studie zur Typografie und ihrer Entwicklung beleuchtet die Historie der Schriftentwicklung und legt einen besonderen Augenmerk auf die semiotischen Aspekte visueller Kommunikation.

** In anderssprachigen Kulturräumen, in denen von rechts nach links gelesen wird (beispielsweise im Hebräischen), erfolgen alle geschilderten Phänomene in umgekehrter Richtung.

ÜBERSICHT C

B

A

C

*

Anmerkungen zu C
C1 > S.128

(98) **Zeichen**

(99) **Einführung in die Semiotik**

(71) **Der Mensch und seine Zeichen**

(100) **Menschliche Kommunikation**

(101) **Design als Rhetorik**

(39) **To Do: Die neue Rolle der Gestaltung in einer veränderten Welt**

(36) **The Designer as: Author, Producer, Activist, Entrepreneur, Curator & Collaborator**

(102) **Digitale Keilschrift**

(103) **Bibliographic: 100 Classic Graphic Design Books**

C

Semiotik
Umberto Eco
Signor Sigma
Kommunikations-prozesse
Zeichen

visuelle Codes
Paul Watzlawick
Rhetorik
visuelle Rhetorik
Antizipation
rhetorische Figuren
Analogie

Der Gedanke und die visuelle Umsetzung
Semantik
Syntax
Wissensgebiete
Schnittmengen

Wahrnehmung
ethische Haltung
Verantwortung
Leon Wieseltier
Designer als Berater
Fragen
Orientierung
Dschungel
Fachwissen
Geduld
Engagement

1

Typografie ist Kommunikation.

Warum dieses letzte Kapitel eigentlich das erste sein müsste –– Signor Sigma und die »Zeichensysteme« –– Visuelle Kommunikation hat immer eine Absicht –– Pingpong im Schwergewicht: Semiotik und Rhetorik –– Schnittmengen mit »fernen« Wissenschaften –– E wie Emanzipation und Ethik –– W wie Wissen und »Wir sehen uns wieder«.

(99)
Einführung in die Semiotik

Umberto Eco
Verlag UTB, 9. unveränderte Auflage 2002,
ISBN 978-3-8252-0105-0

Eco führt den Leser ein in die allgemeine Lehre von den Zeichen, also in das Fachgebiet der Semiotik. Diese Wissenschaft hat die Erforschung der Kultur als Kommunikation zum Ziel und bildet damit die Grundlage für alle Disziplinen der Geisteswissenschaften. Das Buch ist für Gestalter eher schwere Kost, da hier eine Wissenschaft vorgestellt wird, die in den Gestaltungshochschulen üblicherweise nicht gelehrt wird. Je zur Hälfte befasst sich das Buch mit den linguistischen Aspekten und mit den visuellen Codes.

(98)
Zeichen

Einführung in einen Begriff und seine Geschichte

Umberto Eco
Edition suhrkamp, 1. Auflage 1977,
ISBN 978-3-518-10895-6

Eco definiert im semiologischen Sinne, was Zeichen sind und wie sich die Interpretation des Begriffs in der Geschichte gewandelt hat. Dabei stellt er die verschiedenen »Denk-Schulen« vor und erläutert die Wechselbeziehung des Begriffs mit anderen Wissenschaftsdisziplinen (der Philosophie, der Ästhetik, der Linguistik, der Mathematik usw.). Dieses Buch ist ein guter Einstieg für Gestalter.

Dieses Kapitel müsste eigentlich die Einleitung des Buches bilden, schließlich handelt es sich bei dem Titel »Typografie ist Kommunikation« um das Große und Ganze und damit beginnt man gewöhnlich. Es findet seinen Platz aber erst am Ende des Buches wieder. Warum?

Die Antwort gibt bereits der erste Begriff, um den es in diesem Kapitel geht: die Semiotik. Als solche bezeichnet man die Wissenschaft von der Herkunft, von dem Wesen und dem Gebrauch von Zeichen. Betrachtet man Typografie vor dem Hintergrund dieser Wissenschaft, dann wird klar, dass der Umgang mit Schrift nur ein Bestandteil von vielen anderen in der allgemeinen Kommunikation ist. Der Philosoph und Soziologe Umberto Eco hat das in seinem Buch »Zeichen. Einführung in einen Begriff und seine Geschichte« (98) anschaulich beschrieben. Das Buch beginnt mit der Vorstellung des Signor Sigma, der während eines Parisaufenthaltes von Bauchschmerzen heimgesucht wird. In der Folge versucht Signor Sigma, diese Schmerzen zu deuten und unternimmt diverse Schritte, um einen Arzt zu konsultieren. Im Verlauf der über wenige Seiten reichenden Geschichte hat Signor Sigma mit allerlei Kommunikationsvorgängen zu tun, etwa der Suche nach einem Telefon, der Wählscheibe (es handelt sich um einen Text aus dem Jahr 1977), dem Akt des Telefonierens selbst (nicht einfach für einen Italiener in Paris), der Bestellung eines Taxis, der Kommunikation mit dem Taxifahrer, mit Fahrstühlen, Straßenschildern und einem französischen Arzt, der anhand diverser Anhaltspunkte eine Diagnose zu stellen sucht. In der kleinen Geschichte wimmelt es nun von Zeichen, die Impulse, Signale und Botschaften für ALLE menschlichen Sinne bereithalten. Eco spricht von einem »Netzwerk von Zeichensystemen«, die, sofern auf Grund kultureller Konventionen interpretatorisches Allgemeingut, Herrn Sigma die soziale Interaktion erst möglich machen. Die Wissenschaft, an die Umberto Eco auf diese Weise heranführen möchte, ist die der oben bezeichneten Semiotik: »Die Semiotik untersucht alle kulturellen Prozesse als Kommunikationsprozesse. Ihre Absicht ist es, zu zeigen, wie den kulturellen Prozessen Systeme zu Grunde liegen. Die Dialektik von System und Prozess führt zur Aufstellung der Dialektik von Code und Botschaft.«, schreibt Eco.[1] Die Semiotik nimmt also alle Kommunikationen ins Visier, sie ist Bestandteil verschiedener Wissenschaften, etwa der philosophischen Erkenntnistheorie und der Sprachwissenschaft (Linguistik). Ein ganzes Kapitel widmet Umberto Eco in seinem Buch »Einführung in die Semiotik« (99) der visuellen Kommunikation. Er nennt es die »Semiotik der visuellen Codes«. Hier wird über die grundsätzlichen Wirkungsweisen von Zeichen referiert; in welchem Bezug sie stehen zu dem, was sie abbilden und abbilden sollen; warum sie aussehen wie sie aussehen und als was man sie wahrnimmt. Die zeichen- und wahrnehmungstheoretischen Ausführungen bilden die eigentlichen Grundlagen, vor deren Hintergrund wir Gestalter mit Schrift hantieren, oder besser gesagt: Zeichen inszenatorisch kombinieren, um damit zu kommunizieren. Logisch betrachtet, müsste man sich dem Fach Typografie also über die Semiotik nähern. Aber die Semiotik ist Teil der oben

* Annäherung an die Semiotik
> S.128

* Semiotische Gedankengänge
> S.128

1 In: Einführung in die Semiotik. Umberto Eco, Verlag UTB, 9. unveränderte Auflage 2002, ISBN 978-3-8252-0105-0

(71)
Der Mensch und seine Zeichen

siehe S. 78

(98)
Zeichen

siehe S. 118

(100)
Menschliche Kommunikation

Paul Watzlawick, Janet. H. Beavin,
Don D. Jackson
Verlag Hans Huber, Bern,
ISBN 3-456-30610-5

Das Buch behandelt das Thema Kommunikation, indem grundlegende Wirkungen zwischenmenschlicher Interaktion beschrieben werden. Ein guter Einstieg zum Verständnis des sozialen und kulturellen Zusammenlebens in einer Gesellschaft.

genannten Wissenschaften und es gehört nicht viel Phantasie dazu, sich auszumalen, dass man mit ihr ein ganzes Studium verbringen kann. Die Heranführung an die Typografie, wie sie read+play vornimmt, soll aber alle Aspekte im Umgang mit Schrift komprimiert darlegen und den Zugang zum Thema erleichtern. Aus diesem Grund und auch, weil man sich ohne die Kenntnisse der Semiotik in die Typografie vertiefen kann, kommt sie erst an dieser Stelle zur Sprache. Zudem wäre es sinnvoll, sich der Semiotik zunächst über eine Heranführung zu nähern, die dem theoretischen Vorwissen von Designern angemessen ist (98).

* Die fünf metakommunikativen Axiome
> S.128

* Mehr zum Thema Design und Rhetorik
> S.129

So einleuchtend der Hinweis ist, dass visuelle Kommunikation eine Ansammlung visueller Codes ist (Werbeanzeigen, Bilder, Straßenschilder, Piktogramme, Diagramme, Schrift usw.) (71), so naheliegend ist die Frage (und auch die Antwort), wozu man überhaupt visuell kommuniziert. Es ist – natürlich – eine Frage der Absichten, die man hegt. Typografie ist ohne Absicht nicht denkbar (auch nicht in der Kunst, wo sie möglicherweise andere Funktionen erfüllt, etwa rein ästhetische, die aber eben auch Funktionen der Absicht sind). Unerreicht in seiner Klarheit ist das Axiom des Kommunikationswissenschaftlers Paul Watzlawick, das da lautet: »You cannot not communicate«[2] (100). Wenn man aber nicht »nicht kommunizieren« kann, dann doch lieber gleich mit einem klar umrissenen Ziel. Und so sieht der Alltag der Gestalter ja auch aus. Wie man es aus der verbalen Kommunikation kennt, möchte man bei demjenigen, an den man sich richtet, zuvor kalkulierte und mithin gewünschte Reaktionen erzeugen. Die Methode, mit der dies erreicht werden kann, entspringt der hohen Schule der (antiken) Redekunst: Es geht um die Rhetorik (definiert als »die Kunst der Überredung«). Für all jene Leser, die die verbale Rhetorik für eine zu vernachlässigende Fähigkeit halten (»ich bin schließlich Designer und kein Redner«) sei noch einmal daran erinnert, dass der beste Entwurf nichts taugt, wenn er nicht überzeugend kommuniziert (und präsentiert) wird. Gestalter sollen ja gerade Lösungen finden, die begrenzte Vorstellungshorizonte überschreiten. Dass man hier nur mit Überzeugungskraft vorankommt, müsste einleuchten.

Zudem liegen sowohl der verbalen als auch der visuellen Rhetorik dialektische Denkprozesse zu Grunde, die wiederum die Qualität eines (sprachlichen wie grafischen) Beitrags beeinflussen. Mit anderen Worten: Wer nicht rhetorisch denkt, kann nicht überzeugend gestalten (außer vielleicht per Zufall). Überzeugend gestalten kann wiederum nur, wer das rhetorisch Gedachte mit den adäquaten »Zeichen« kommunizieren kann. Die innere Logik dieses Zusammenhangs wird deutlich, wenn man in einen visuellen Kommunikationsprozess »hineinzoomt«: Bevor das rhetorisch Gedachte Gestalt annehmen kann, muss man sich einfühlen in die Vorstellungswelt jener, die man mit einer visuellen Botschaft erreichen möchte.[3] Diese »Antizipation« der Bedürfnisse eines Zielpublikums gibt darüber Auskunft, wie man visuell argumentieren muss. Eine Reihe visuell/verbaler rhetorischer Figuren steht für solche Argumentationen zur Verfügung. Zu den bekanntesten gehört

2 In: Menschliche Kommunikation, Paul Watzlawick, Janet H. Beavin, Don. D. Jackson, Verlag Hans Huber, Bern, 4. Auflage 1974, ISBN 3-456-30610-5

3 In: Design als Rhetorik. Gesche Joost, Arne Scheuermann (Hrsg.) Birkhäuser Verlag, 2008, ISBN 978-3-7643-8345-9

(101)
Design als Rhetorik

Grundlagen, Positionen, Fallstudien

Gesche Joost, Arne Scheuermann
(Hrsg.) Birkhäuser Verlag, 2008,
ISBN 978-3-7643-8345-9

Der Sammelband stellt die klassische Rhetorik als Metatheorie des Designs vor. Zu finden sind historische Positionen ebenso wie zeitgenössische kontroverse Diskussionen. Die Beiträge behandeln alle Genres des Designs, vom Produktdesign über das Kommunikationsdesign bis hin zum Interaction Design.

die Analogie. Sie kennt jeder, der sich für Gestaltung interessiert: Eine Analogie ist gegeben, wenn man eine verbale Aussage zum Zwecke der Veranschaulichung semantisch äquivalent visualisiert. Klingt kompliziert, aber mit ein bisschen Phantasie lassen sich Beispiele finden: Wenn zum Beispiel Attribute wie laut, leise, aufregend, ruhig, aufmüpfig oder konform ihre visuelle Entsprechung in der Typografie und im Layout erfahren. Für die Absicht etwa, ein lautes und aufregendes Layout zu gestalten, stehen entsprechende Instrumente zur Verfügung (beispielsweise große und fette Schriften, signifikante Größenunterschiede von Schriften und auch von Bildformaten, ein unrhythmisches Raster, enge Randstege, Signalfarben usw.)[4] Hier im Layout beginnt sie dann tatsächlich, die rhetorische Infiltration durch Gestaltung. Denn selbst wenn all die hier aufgeführten Vorüberlegungen ausblieben und man quasi »gedankenlos« vor sich hin gestalten würde, wäre es doch unvermeidbar, dass die Gestaltung Signale sendet – durch ihre pure Anwesenheit, ganz im Sinne Watzlawicks (101).[5] Der Gedanke und seine visuelle Umsetzung – diese scheinbar einfache Beziehung braucht also Rüstzeug, wenn sie ihr Ziel finden will.

Manch Gestalter verfolgt dieses »Pingpong« an Verweisen aus den beiden Wissenschaftsgebieten möglicherweise mit gemischten Gefühlen. Bisher kamen bei ihm die Argumente meist eher »aus dem Bauch« und Zeichen – tja, das waren eben Zeichen. Aber der Wissenserwerb ist wie eine Treppe, es gibt immer noch weitere Stufen, die nach oben führen. Sich im Sinne einer wirkungsvollen Kommunikation mit der Semantik (was wird gesagt), der Syntax (wie wird es gesagt) und der Pragmatik (wie wirkt das Gesagte) auseinanderzusetzen, will man rhetorisch argumentieren, liegt für Gestalter – und nicht nur angehende – auf der Hand.

Der Begriff Kommunikation im Titel dieses Kapitels beinhaltet aber noch eine weitere Komponente. Wenn man die Ausführungen Umberto Ecos und seiner Kollegen liest, dann leuchtet dem Leser schnell ein, dass hier – in »fernen« Wissenschaften – Kernthemen des Designs verhandelt werden. Und das ist kein Einzelfall. Es ist ein typisches Merkmal unserer Profession, dass sie mit anderen Wissensgebieten »kommuniziert«, schon einfach deshalb, weil sie durch viele Schnittmengen mit ihnen verbunden ist. Diese Verbundenheit kann durchaus wechselseitige Auswirkungen haben. Denn die aus Sicht der etablierten Wissenschaften oft unorthodoxe Denkweise der Designer ist hilfreich, wenn es darum geht, Ideen zu entwickeln oder Projekte mit neuen, ungewöhnlichen Herangehensweisen voranzubringen.

* Die Beziehung zwischen Design und anderen Wissensgebieten > S.130

Die Schnittmengen sind für manche Überraschung gut. Denn selbst Disziplinen, die auf den ersten Blick keine Gemeinsamkeiten mit Design zu haben scheinen, können dort mit ihren Erkenntnissen kritische Denkprozesse in Gang setzen: So hat beispielsweise die Hirnforschung entdeckt, dass Spiegelneuronen für die Entwicklung von Empathie ausschlaggebend sind. Die Kognitionswissenschaften haben entschlüs-

4, 5 In: Menschliche Kommunikation, Paul Watzlawick, Janet H. Beavin, Don. D. Jackson, Verlag Hans Huber, Bern, 4. Auflage 1974, ISBN 3-456-30610-5

(36)
The Designer as: Author, Producer, Artist, Entrepreneur, Curator & Collaborator

siehe S. 42

(39)
To Do: Die neue Rolle der Gestaltung in einer veränderten Welt

siehe S. 42

(102)
Digitale Keilschrift

Johannes Bergerhausen
Verlag Hermann Schmidt Mainz 2014,
ISBN 978-3-87439-861-9

Das Buch begibt sich auf eine Zeitreise zu den Ursprüngen der Schriftentwicklung. Neben historischen Einordnungen wird eine digitale Aufbereitung der Keilschrift präsentiert, die der Autor entwickelt hat.

selt, wie Subjektivität entsteht. Die Neurobiologie liefert grundlegende Erkenntnisse über die Unterschiede zwischen einem kindlichen und einem erwachsenen Gehirn. Die Kunst stellt kulturelle Gewohnheiten in Frage, indem sie tut, was sie will. Das Feuilleton spürt Positionen auf, aus denen ersichtlich wird, wie Kultur funktioniert. Die genannten Forschungsprojekte und die kulturellen Aktivitäten haben einen direkten oder indirekten Bezug zum Design, denn in allen Fällen geht es um Kommunikation, also die menschliche Interaktion, oder um Einflüsse auf die Wahrnehmung. Zu finden sind sie in den Publikationen des Qualitätsjournalismus, in Fachpublikationen oder – vielleicht etwas mühsamer, weil nicht vorsortiert – in den Weiten des Internets. Das Wissen, das sich einstellt, wenn man diese vermeintlichen »Randnotizen« verinnerlicht, trägt bei zu einer emanzipierten wie ethischen Haltung. Die wiederum braucht es, wenn man als Gestalter in Kommunikationsprozessen mitwirken will. Die Beschreibung der Rolle des Designers als »Übersetzer« von Inhalten birgt die Gefahr, die Bedeutung von Design zu trivialisieren. Denn sie überträgt einen Großteil der Verantwortung für den Kommunikationsprozess auf die Auftraggeber, auf die Laien. Im besten Sinne sind Designer aber Berater und visuelle Weichensteller (36, 39), große Einflussnehmer sind sie sowieso (man denke an Paul Watzlawick und an das Kapitel A2).

Kommunikation bedeutet auch »Fragen« und »Antworten«. Designer sind mit Antworten oft schnell bei der Hand (zumindest mit visuellen), das Fragen wird seltener beobachtet, obwohl es doch um so vieles wichtiger ist. Denn nach etwas zu fragen ist nicht nur ein Ausweis der persönlichen Neugier. Fragen sind der ultimative Schlüssel für das Schloss. Das Schloss, das heißt Wissen. Der US-amerikanische Literaturkritiker Leon Wieseltier sagte anlässlich der Abschlusszeremonie der Brandeis University in einer Rede an Absolventen zu diesem Thema: »(…) Das digitale Universum reduziert Wissen zur Information. Wer erinnert sich noch daran, dass sich Wissen zur Information verhält wie Kunst zu Kitsch, dass eine Information die wertloseste, weil äußerlichste Art von Wissen ist? Ein großer jüdischer Denker des frühen Mittelalters fragte sich, warum Gott uns nicht einfach die Wahrheit sagte, wenn er wollte, dass wir die Wahrheit wissen. Seine weise Antwort war: Wenn man uns bloß sagen würde, was wir wissen müssen, wüssten wir es streng genommen nicht. Wissen kann man sich nur mit der Zeit und mit Methode aneignen. (…)«[6] Man kann ruhig mal ausprobieren, welche Fragen das Zitat aufwirft: Wird der Bedarf an professioneller Hilfe zur Einordnung von Informationen zunehmen? Werden Designer zunehmend »Informationsingenieure«, also Organisatoren von Wissensprozessen? Müssen Designer über die Qualität und Wahrhaftigkeit dessen wachen, was sie kommunizieren? Nehmen sich Designer Zeit zu lernen, ihr ganzes Designerleben lang? Darf Designerwissen über das Anwendungsspezifische hinausgehen (102)? Ist der Designberuf ein Beruf für Denker oder für Handwerker – oder verschmelzen hier im Idealfall zwei Talente? Sind Designer Wanderer zwischen den Welten?

6 Süddeutsche Zeitung, Auszug aus: 01.07.2013

(103)
Bibliographic: 100 Classic Graphic Design Books

Jason Godfrey
Laurence King Publishing Ltd, London 2009,
ISBN 978-1-85669-592-3.
In englischer Sprache.

Das Buch nimmt für sich in Anspruch, die hundert besten Designbücher der letzten hundert Jahre vorzustellen. Gezeigt wird Material von Vertretern der Moderne wie László Moholy-Nagy oder Josef Müller-Brockmann bis hin zu Büchern postmoderner Protagonisten wie Stefan Sagmeister oder Peter Saville.

Mit diesen – über das Fach Typografie hinausgehenden – Fragen schließt sich der Kreis der einordnenden Kommentare zur schriftlichen Kommunikation in diesem Buch. read+play hat viele Aspekte angesprochen und auf vertiefende Lektüre hingewiesen – Lektüre, die manchmal anspruchsvolle Gedanken vermittelt und manchmal einfach nur zeigt, was herauskam, wenn viele kluge Konzepte Gestalt annahmen (103).

read+play ist kein Buch zum Auswendiglernen, sondern ein Orientierung gebender Begleiter im Dschungel des Fachwissens, in den man – nach Ausflügen in die empfohlene Fachliteratur – immer wieder mal hineinschauen sollte. Denn Wissen zu erlangen braucht Geduld und Zeit. Daher bin ich mir sicher: Wir sehen uns wieder.

<S.119 Annäherung an die Semiotik

Eco möchte das Buch »Zeichen. Einführung in einen Begriff und seine Geschichte« nicht als eine Arbeit über Semiotik verstanden wissen. Er sieht in dem Buch eher eine Annäherung an den Begriff: »(…) Sicherlich sind Zeichen der Hauptgegenstand der Semiotik; aber sie begreift diese Zeichen im Zusammenhang mit Kodes und sieht sie eingefügt in umfassendere Einheiten wie die Aussage, die rhetorische Figur, die Erzählfigur usw. Die Semiotik ist eine Disziplin, die die Zusammenhänge zwischen Kode und Botschaft und zwischen Zeichen und Diskurs untersucht. Man hat gelegentlich behauptet, eine Semiotik des Zeichens sei unmöglich ohne eine Semiotik des Diskurses. In diesem Buch gehen wir davon aus, dass es möglich sei, eine Grundeinheit wie das Zeichen zu definieren, und befassen uns nur dann mit den Problemen der umfassenden Einheiten, wenn uns das unumgänglich erscheint. (…)« (Anmerkung: Auch orthografisch ist dieses Zitat identisch mit dem Original).[1]

<S.119 Semiotische Gedankengänge

Um einen Eindruck zu vermitteln, über was und in welcher Weise in der Semiotik nachgedacht wird, hier eine (einem größeren Zusammenhang entnommene aber gleichwohl exemplarische) Überlegung, die die Nähe zur visuellen Kommunikation bezeugt: »Untersuchen wir eine Reklameanzeige. Eine ausgestreckte Hand reicht mir ein Glas, aus dem das gerade eingeschüttete Bier überschäumt, während sich außen auf dem Glas ein feiner Kondensationsbeschlag ausbreitet, der unmittelbar (wie ein Index) das Gefühl der Kühle erzeugt. Man wird sicher zustimmen, dass dieses visuelle Syntagma ein ikonisches Zeichen ist. Schauen wir aber trotzdem, WELCHE Eigenschaften des bezeichneten Gegenstandes es hat. Auf der Druckseite finden wir weder Bier, noch Glas, noch feuchten und eiskalten Beschlag. In Wirklichkeit aber NEHME ich, wenn ich das Glas Bier sehe, Bier, Glas und Kühle WAHR (eine alte psychologische Frage, die in der Geschichte der Philosophie immer wieder vorkommt), aber ich »fühle« sie nicht: Ich fühle dagegen einige visuelle Stimuli, Farben, räumliche Verhältnisse, usw. (auch wenn diese schon in einem bestimmten Wahrnehmungsfeld koordiniert sind) und koordiniere sie (in einer komplexen Transaktionsoperation), bis sich eine WAHRGENOMMENE STRUKTUR bildet, die auf Grund von erworbenen Erfahrungen eine Reihe von Synästhesien auslöst und mir erlaubt, »eisgekühltes Bier in einem Glas« zu denken. Nichts anderes geschieht bei der Zeichnung: Ich bemerke einige visuelle Stimuli und koordiniere sie zu einer wahrgenommenen Struktur. Mit den von der Zeichnung gelieferten Erfahrungsdaten tue ich dasselbe wie mit den von der Sinneswahrnehmung gelieferten Erfahrungsdaten: Ich selektioniere sie und strukturiere sie auf Grund von Erfahrungssystemen und auf Grund von Annahmen, die von der vorhergehenden Erfahrung abhängen, und folglich auf Grund von erlernten Techniken, also AUF GRUND VON CODES. (…)«[2]

<S.121 Die fünf metakommunikativen Axiome

Paul Watzlawick, Janet H. Beavin und Don. D. Jackson (Mental Research Institute Palo Alto, USA) haben 1967 die menschliche Kommunikation untersucht und ihre Erkenntnisse unter anderem in fünf Axiomen zusammengefasst (97). Es handelt sich um folgende theoretische Grundsätze:

1) Da mit der Wahrnehmung eines anderen Menschen bereits Kommunikation beginnt, ist es unmöglich, diese Kommunikation zu verweigern, etwa indem man nicht spricht und nicht gestikuliert. Auch ein »Nicht-Verhalten« ist ein Verhalten.
Daraus folgt das erste metakommunikative Axiom: »Man kann nicht nicht kommunizieren.«[3]

2) Es gibt zwei Ebenen der Kommunikation, nämlich die Sach- und die Beziehungsebene. Auf der Sachebene wird die reine Information transportiert, auf der Beziehungsebene wird vermittelt, wie der Absender vom Adressaten verstanden werden möchte. Die Beziehungsebene bestimmt, wie die Sachinformation aufgenommen wird.
Daraus folgt das zweite metakommunikative Axiom: »Jede Kommunikation hat einen Inhalts- und einen Beziehungsaspekt, derart, dass letzterer den ersteren bestimmt und daher eine Metakommunikation ist.«[3]

3) Kommunikation ist Interaktion. Jeder Beteiligte muss dem Austausch von Mitteilungen eine Struktur zu Grunde legen, die »Interpunktion von Ereignisfolgen« genannt wird. Diese Definition beschreibt ein triadisches Schema, wonach »Reiz – Reaktion – Verstärkung« eine sich wiederholende Kette bilden.
Daraus folgt das dritte metakommunikative Axiom: »Die Natur einer Beziehung ist durch die Interpunktion der Kommunikationsabläufe seitens der Partner bedingt.«[3]

4) Der Mensch kommuniziert auf digitaler und analoger Ebene. Die digitale Ebene verfügt über eine logische Syntax, ihr fehlt auf der Beziehungsebene jedoch der semantische Anteil. Mit »digital« ist hier die Logik »abstrakter« Kommunikation gemeint, wenn sie sich beispielsweise der Wörter, Zahlen oder des Alphabets bedient. Die analoge Ebene bezeichnet die Ebene der Beziehungen. Sie verfügt über eine semantische Ebene,

1 Zeichen. Einführung in einen Begriff und seine Geschichte. Umberto Eco.

2 Einführung in die Semiotik. Umberto Eco, »B. Zu einer Semiotik der visuellen Codes«.

3 Aus: Menschliche Kommunikation. Paul Watzlawick, Janet. H. Beavin, Don D. Jackson.

ihr fehlt wiederum die Syntax, in dem Fall die eindeutige Definition der Beziehung zwischen Menschen. Daraus folgt das vierte metakommunikative Axiom: »Menschliche Kommunikation bedient sich digitaler und analoger Modalitäten. Digitale Kommunikationen haben eine komplexe und vielseitige logische Syntax, aber eine auf dem Gebiet der Beziehungen unzulängliche Semantik. Analoge Kommunikationen dagegen besitzen dieses semantische Potential, ermangeln aber die für eindeutige Kommunikation erforderliche logische Syntax.«[3]

5) Zwischenmenschliche Kommunikation basiert entweder auf Gleichheit oder auf Unterschiedlichkeit. Das »Symmetrische« und das »Komplementäre« bestimmen die Form der Interaktion. Eine symmetrische Beziehungsform liegt vor, wenn Ungleichheiten minimiert werden. Ist die Beziehungsform komplementär, entsteht ein hierarchisches Gefälle. Daraus folgt das fünfte metakommunikative Axiom: »Zwischenmenschliche Kommunikationsabläufe sind entweder symmetrisch oder komplementär, je nachdem, ob die Beziehung zwischen den Partnern auf Gleichheit oder Unterschiedlichkeit beruht.«[3]

<S. 121 **Mehr zum Thema Design und Rhetorik**

In dem Buch »Design als Rhetorik« werden die Prinzipien der verbalen Rhetorik auf den visuellen Bereich übertragen bzw. mit diesem verglichen. Gui Bonsiepe gliedert seinen Beitrag »Visuell-Verbale Rhetorik« in verschiedene Überschriften. Unter der Überschrift »Fünf Unterscheidungen« schreibt er: »(…) Die klassische Rhetorik ist in fünf Hauptbereiche geteilt: 1) Heuristiken (Anmerkung des Verfassers: Heuristik bezeichnet eine bestimmte Methode zur Auffindung neuer wissenschaftlicher Erkenntnisse) für das Sammeln von Materialien, besonders für das Aufspüren von Argumenten, 2) Heuristiken über die Anordnung des gesammelten Materials, 3) Vorschriften und Empfehlungen hinsichtlich der stilistischen Formulierung des strukturierten Materials, 4) Heuristiken zum Auswendiglernen des Textes, 5) Empfehlungen hinsichtlich der Aussprache und Gestik. Für eine Analyse von Werbebotschaften dienen vor allem die unter Punkt 3 erwähnten Techniken, worunter die Stileigenschaften von Texten fallen. Diese Stileigenschaften äußern sich vornehmlich in Form von rhetorischen Figuren. Sie werden definiert als »(…) die Kunst, etwas in neuer Form zu sagen« und als »(…) die Veränderung der Worte hinsichtlich ihrer Bedeutung oder ihrer Anwendung, um der Rede größere Gefälligkeit, Lebendigkeit und Eindringlichkeit zu verleihen.« Weiter führt Bonsiepe unter der Überschrift »Rhetorische Figuren« aus: »Bestimmendes Material einer rhetorischen Figur ist – nach herkömmlichem Verständnis – die Abweichung vom normalen Sprachgebrauch, um die kommunikative Effektivität zu erhöhen. Die Figuren teilen sich in zwei Klassen: Wortfiguren, die sich auf die Wortbedeutung oder auf die Stellung der Wörter im Satz beziehen; Gedankenfiguren, die sich auf die Formung und Gliederung der Informationen beziehen. Die semiotische Terminologie ermöglicht es, die Figuren eindeutiger zu klassifizieren. Ausgehend von dem Sachverhalt, dass man an einem Zeichen zwei Aspekte unterscheiden kann, nämlich die Zeichengestalt und die Zeichenbedeutung, gelangt man zu zwei Typen rhetorischer Figuren. Eine rhetorische Figur kann auf einer OPERATION MIT DER ZEICHENGESTALT (syntaktische Figur) oder auf einer OPERATION MIT DER ZEICHENBEDEUTUNG (semantische Figur) basieren.«[4]

Ein Projekt aus der Sozialpsychologie, das sogenannte »Dr. Fox-Experiment«, enthält Erkenntnisse hinsichtlich der Wahrnehmung, die auch auf den Designbereich übertragbar sind. Das Experiment wurde im Jahr 1970 als universitätsübergreifendes Projekt von Donald H. Naftulin (University of Southern California School of Medicine), John E. Ware (Southern Illinois University School of Medicine) und Frank A. Donelly (University of Southern California Division of Continuing Education in Psychiatry) entwickelt und durchgeführt. Die Hypothese bestand in der Annahme, dass es bei der Präsentation eines Vortrages nicht so sehr darauf ankommt, was gesagt wird, sondern wie es gesagt wird. Das Gesagte kann also durchaus irreführend oder sogar falsch sein, wenn man rhetorisch überzeugt. Um herauszufinden, ob diese Annahme zutrifft, wurde der Schauspieler Michael Fox engagiert, der in einem ca. einstündigen Vortrag über Anwendungen der Spieltheorie in der Ärtzeausbildung referierte. Das Publikum bestand aus elf Psychiatern, Psychologen und Ausbildern für Sozialarbeiter. Eine Vergleichsgruppe sah den Vortrag und die sich anschließende Diskussion als Video. Eine dritte Gruppe schließlich, bestehend aus 33 Graduierten einer Universität, wurde ebenfalls mittels Video informiert.

(100)
Menschliche Kommunikation

siehe S. 120

4 Aus: Design als Rhetorik. Grundlagen, Positionen, Fallstudien. Gesche Joost, Arne Scheuermann (Hrsg.).

Alle Gruppen wurden nach dem Vortrag und der Diskussion hinsichtlich der Qualität des Gesagten befragt. Niemandem war aufgefallen, dass der überzeugend vorgetragene Inhalt Unsinn war. Die Veranstalter des Experiments sahen sich in ihrer Annahme bestätigt, dass das Auftreten des Redners (50%) sowie die Art der Vermittlung (40%) die wichtigsten Schlüsselreize für ein Publikum darstellen, wohingegen der Inhalt mit 10% einen marginalen Anteil am Gesamteindruck hat. Wie das Experiment zeigte, kann der Inhalt sogar ganz »entfallen«. Auf das Kommunikationsdesign übertragen, kommt einem das Phänomen bekannt vor: wie viele grafische Elaborate hat man schon gesehen, die in ihrer grafischen Pracht über dürftige Inhalte hinwegtäuschten? Wie häufig wurden wichtige Inhalte durch gestalterische Trivialität marginalisiert? Die visuelle Rhetorik hat sich offensichtlich mit ähnlichen Vermittlungsphänomenen auseinanderzusetzen, wie man sie aus der verbalen Rhetorik kennt.

<S.123 Die Beziehung zwischen Design und anderen Wissensgebieten

Die Hirnforschung hat entdeckt, dass so genannte Spiegelneuronen für die Entwicklung von Empathie ausschlaggebend sind. Die Spiegelneuronen muss man sich als gewöhnliche Neuronen vorstellen, die es durch eine bestimmte Vernetzung ermöglichen, sich in andere Menschen einzufühlen. In Untersuchungen mit dem Hirnscanner konnte nachgewiesen werden, dass man Schmerzen anderer Menschen mitempfindet, wenn man sie leiden sieht. Das Spiegeln hilft dem Menschen ständig, ob es sich um das Einschätzen eines Gewichts handelt, das jemand anderes hochhebt oder ob man unbewusst beim Zuhören mitspricht, um die Äußerung eines Anderen in ihren Nuancen zu verstehen. Der die Untersuchung leitende Hirnforscher fasst in der Beurteilung seiner Forschungsergebnisse zusammen, dass Menschen – entgegen ihrer Eigenwahrnehmung – keine unabhängigen Individuen seien, sondern Bestandteile eines eng vernetzten sozialen Gewebes. Das Schlüsselwort heiße Interaktion. Entsprechend entwickelten sich auch die Wertmaßstäbe, die dem Handeln des Menschen zu Grunde lägen. Bei Ethik handele es sich demnach um ein »moralisches Fühlen«, es sei die einzige Ethik, die in unserer Welt, mit unseren Gehirnen, wirklich funktionieren könne. Zu anderen Erkenntnissen mit ähnlicher Konsequenz kommen die Kognitionswissenschaften. Dort wird die Ansicht vertreten, dass es Willensfreiheit nicht als Naturtatsache, sondern nur als soziales Artefakt gibt. Der Mensch schaffe sich als geistiges Wesen selbst. Subjektivität, also die Fähigkeit, sich seiner selbst als Denkender, Handelnder, Fühlender bewusst zu sein, sei nicht einfach mit den biologischen Gegebenheiten des Gehirns vorhanden. Vielmehr entwickle sie sich nur, indem sich ein Mensch auf andere beziehe. Um sich in der Welt zu orientieren sei es notwendig, Handlungen anderer antizipieren zu können. Eine weitere Erkenntnis aus den Naturwissenschaften: Die Neurobiologie hat herausgefunden, dass Drei- bis Sechsjährige beim Merken von Werbemelodien besonders gut abschneiden, die sie aber ebenso wenig als solche identifizieren können, wie sie Werbung als solche wahrnehmen. Die Ursache liegt darin, dass die Stirnhirnrinde, also das Areal des Gehirns, das für das rationale Abwägen von Vor- und Nachteilen zuständig ist, bei Kindern noch nicht vollständig entwickelt ist. Früh ausgebildet ist jedoch das limbische System, wo das Gefühlszentrum beheimatet ist. Dieses entscheidet instinktiv und teilt ein in »gut« und »schlecht«. Mit Hilfe dieser Methode konnte der Mensch schon seit Jahrtausenden manche Attacke und manche lebensbedrohliche Situation meistern.

Heute nutzt das so genannte »Neuromarketing« diese Reflexe der Werbung. Für Designer beinhalten die aufgeführten Forschungsergebnisse interessante Aspekte. Ganz offensichtlich ist die Gemeinschaft, in der ein Mensch lebt, für dessen Eigenwahrnehmung wie auch für dessen Wertesystem ursächlich. Das Individuum ist in seiner Willensbildung also weniger frei als man denken möchte. Designer spielen wiederum in beiden Prozessen eine wichtige Rolle, denn sie sorgen für den visuellen Informations- und Wertetransfer in einer Gesellschaft. So stellen sich Fragen: Ist Designern die semantische und syntaktische Dimension ihrer Arbeit bewusst? Müssten Designer nicht umfassend über die Instrumente und Methoden visueller Kommunikation Bescheid wissen, wenn ihr Geschäft doch weitgehend auf der Antizipation und – damit verbunden – auf der (rhetorisch versierten) Überzeugungsarbeit basiert? Müssten Designer nicht über Werte mitbestimmen statt sie nur zu transportieren? Wie kann man die in den Forschungsergebnissen beschriebene Beschaffenheit menschlichen Denkens und Fühlens sinnvoll nutzen?

Designrelevante Erkenntnisse liefern aber nicht nur die Wissenschaften. Die Kunst ist Gestaltern eine gute Inspirationsquelle, denn dort entstehen Dinge, die nicht zwangsläufig einem linearen und zieldefinierten Prozess entspringen. Es ist ja ein Dilemma des Designs, sich in einem wiederkehrenden Ideen- und Formenkanon alltäglicher Kommunikation zu bewegen – den mitunter nichtlineare, manchmal sogar auf Zufall basierende »Fehler« durchbrechen können. Das Unberechenbare im Design zuzulassen hat schon manch kreativen Prozess vorangebracht. Die Kunst hat darüber hinaus viele Ausdrucksformen ausprobiert und vorgedacht, die im späteren Verlauf Eingang in den Kanon der allgemeinen Kommunikation fanden. Über Kunst, aber auch über Architektur und viele andere kulturelle Themen berichtet ein spezifisches journalistisches Format, das sich »Feuilleton« nennt. Das Feuilleton ist ebenfalls in Schnittmengen unterwegs, hier werden Entwicklungen reflektiert, eingeordnet, gelobt, kritisiert oder überhaupt erst einmal öffentlich gemacht. Das Feuilleton ist in allen Medien zu Hause, Designern begegnet es auf Schritt und Tritt.

C

Capitalis Monumentalis
Karl der Große
karolingische Minuskel
gotische Minuskel
Johannes Gutenberg
Bleilettern
Schwabacher
documenta 12
Vier5
Johannes Gutenberg
Bleilettern
handschriftlicher Duktus
Gutenbergbibel
Typvarianten
Bleilettern
Kegel
Bleisatz
Satzverfahren
Kombinationsschrift 3
Fotosatz
technik-typische Ästhetik

Monospace-Schriften
Computerästhetik
gebrochene Schriften
Schwabacher
Fraktur
gotische Minuskel
humanistische Antiqua
»deutsche« Identität
Tannenberg
Schaftstiefelgrotesk
Antiqua-Schriften
Times
Garamond
Bodoni

handschriftliche Traditionen
Schriftentwurf
Neue Haas Grotesk
Akzidenz Grotesk (AG)
Helvetica
Schweizer Typografie
Univers
Arial
Microsoft
Segoe UI
Frutiger Next
FF Info
Sakkaden
Lesbarkeit
Otl Aicher
Ökonomie des Lesens
typografische »Behinderungen«
Lese-Erschwernisse
Ökonomie
Lesegeschwindigkeit
»Spritz«
Regression
Vorausschau

Tempo vs. Verstehen
Rainer Tappeser
Typografie ist politisch
Typografie ist Stil
Typografie kann unter Umständen Kunst sein
Semantik
Syntax
Kommunikation
Kultur

2 Abbildungen und Hintergründe

Form durch Gebrauch –– Form und Authentizität –– Einfluss der Technik –– Zeichen von Identität –– Imitat und Original –– Über das Lesen –– Typografie ist Kultur

Als ich vor der Frage stand, welche Bilder zur Typografie in diesem Buch gezeigt werden sollen, stand ich vor einem Dilemma: Es gibt so vieles Interessantes, das sich anböte – das alles hineinzunehmen hätte den Rahmen dieses Buches gesprengt. Ganz abgesehen davon, dass die verschiedenen Facetten der Typografie in vielen der empfohlenen Fachbücher besser und ausführlicher gezeigt werden können. Für diese Zwecke wurden sie ja, im Gegensatz zu read+play, konzipiert. Dennoch gibt es nun Bilder: Sie illustrieren verschiedene Aspekte, die in den bisherigen Kapiteln angerissen wurden und die hier in Kapitel C2 vertieft werden. Es sind weiterführende »Geschichten«, die Lust darauf machen, sich selbst auf die Suche nach Phänomenen, Fundstücken, Fakten und Meinungen zu begeben. Man muss sich die Typografie wie eine russische Puppe vorstellen – in jedem Inhalt lockt schon der nächste. Ein erstes »Locken« geschieht nun hier.

Capitalis Monumentalis

Karl der Große
karolingische Minuskel
gotische Minuskel

Johannes Gutenberg
Bleilettern
Schwabacher

<S. 15, 17 Capitalis Monumentalis

<S. 15 Unziale

<S. 15 Halbunziale

<S. 15 karolingische Minuskel

<S. 15, 17 gotische Minuskel

Der Einfluss des Schreibens auf die Form von Buchstaben und Ziffern

Wie man an dem »A« der *Capitalis Monumentalis* sehen kann, basierte die Schrift auf grafischen Überlegungen, die im Alltag nicht umgesetzt werden konnten, wenn man schnell schreiben wollte. Aus den Buchstabenformen der *Capitalis Monumentalis* entwickelten sich daher verschiedene handschriftliche Ausprägungen, die dazu beitrugen, dass unser Alphabet sein heutiges Aussehen hat (beispielhaft zu betrachten am »A«). Karl der Große sorgte im 9. Jahrhundert n. Chr. schließlich für eine bürokratische Glanztat: Er vereinheitlichte die Kommunikation seines Riesenreiches, indem er die später nach ihm benannte *karolingische Minuskel* als Schrift-Typ für den Austausch von Informationen bestimmte. Der *karolingischen* wie auch der späteren *gotischen Minuskel* sieht man die Werkzeuge an, mit denen geschrieben wurde. Der Duktus der Breitfeder, mit der die Mönche schrieben, verfestigte sich in den von Johannes Gutenberg erfundenen Bleilettern und begann dort ein Eigenleben zu entwickeln. Die Schrift *Schwabacher* liefert den optischen Beweis. Seit dieser Zeit gibt es eigentlich zwei Formen von alphabetischen Stilen: die tatsächliche handschriftliche Darstellung (mit Feder, Pinsel, Stift usw.) und ihr gelegentliches Imitat in einer Typografie der typisierten Schriftsysteme.

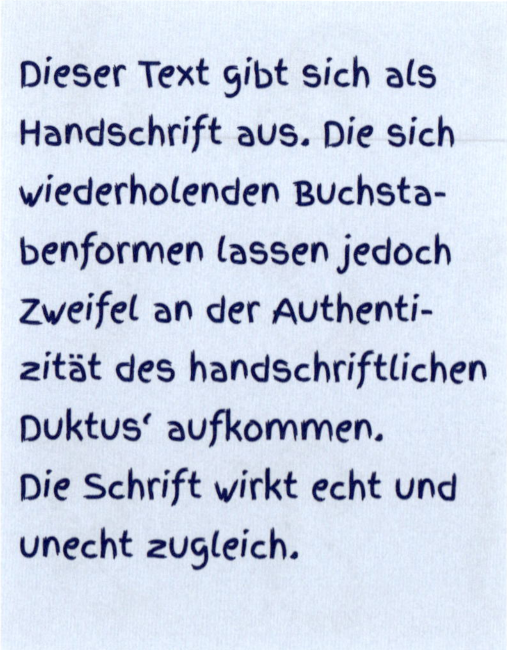

Digitalisierte Handschrift als Freefont
»Fingerpaint«

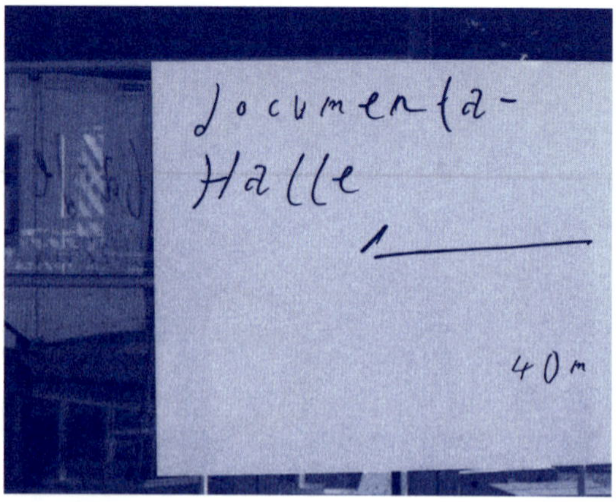

<S. 63

Leitsystem **documenta 12**, Kassel
Gestaltung: Vier5, Paris

Typografische Bemühungen um Authentizität.

Die in den heutigen digitalen Zeiten oft beobachteten Bemühungen, Authentizität durch handschriftliche Botschaften herzustellen, können unterschiedlich bewertet werden. Das »gemalte« Orientierungssystem der documenta 12 (entworfen vom Büro Vier5) kann für sich die angestrebte Authentizität wohl in Anspruch nehmen, zumindest im Hinblick auf den Schriftduktus. Ob das Orientierungssystem eines Kunstereignisses so artifiziell ausfallen kann, ohne durch die angestrebte Nähe zur Kunst ein wenig anbiedernd zu wirken, ist Geschmackssache. In jedem Fall aber verliert Schrift dann an »Authentizität«, wenn der Schreibduktus einer Schrift in eine Satzschrift überführt wird. Den individuellen Ausdruck einzelner Buchstaben, wie die Handschrift ihn produziert, zu vervielfältigen, sorgt im Gesamtbild eher für das Gegenteil: Das Ergebnis ist eine klischeehafte Individualität, die Authentizität nur vorgaukelt. Einen Meister des Fachs, dem die Vertuschung allerdings vortrefflich gelang, muss man hervorheben: Es handelt sich um Johannes Gutenberg. Da saß er nun mit seiner Erfindung, den beweglichen Bleilettern. Der Klerus allerdings war an den Schriftduktus der Mönche gewöhnt, die in aufwendiger Arbeit Dokumente und Bücher handschriftlich kopierten. Schon aus ökonomischen Gründen lag es nahe, diese Arbeit auf leisen Sohlen zu imitieren – war doch das kopierte Einzelstück viel teurer als ein im Auflagendruck erzeugtes Produkt.

Um seiner Schrift aus Bleilettern den handschriftlichen Duktus der Mönche zu verleihen, betrieb Gutenberg

Ein Ausschnitt aus der »42-zeiligen Bibel«
von Johannes Gutenberg

< S. 17

Gutenberg verwendete nicht nur verschiedene Varianten einzelner Typen (zu sehen am Beispiel der verschiedenen »e«-Glyphen), sondern spielte auch mit der Verwendung von einzelnen Buchstaben, die eigentlich als **Ligaturen** vorlagen.

einen nicht geringen Aufwand: In seiner berühmten »42-zeiligen Bibel« verwendete er insgesamt 290 Zeichen, neben dem Alphabet in Groß- und Kleinschreibung verfügt die Schrift über 92 Abkürzungszeichen und 83 Ligaturen. Hinzu kommen zahlreiche Typvariationen, allein das »e« gibt es in 13 verschiedenen Ausführungen.[1]

1 Das Bekenntnis zu einer Typografie, die ihren Reiz gerade aus der Wiederholung von Buchstabenformen bezieht, war zu Beginn der Gutenberg'schen Revolution also durchaus kein Selbstgänger.

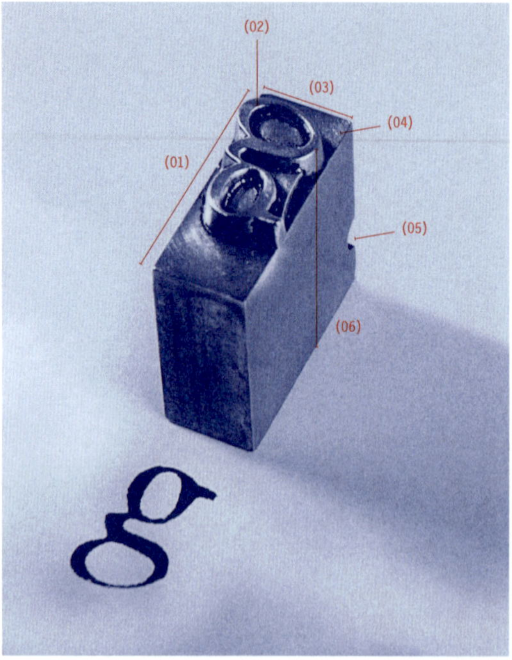

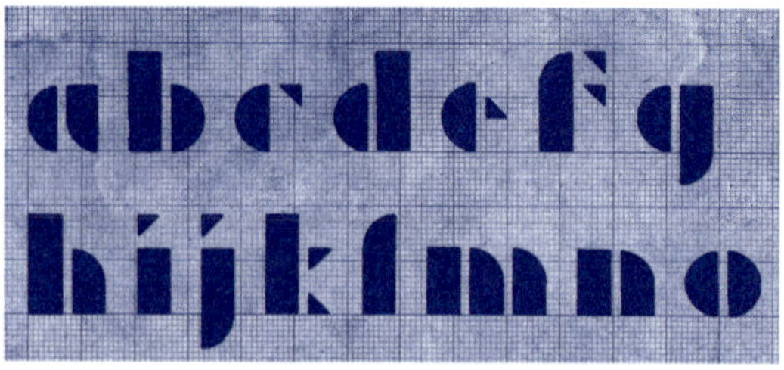

<S. 33

Kombinationsschrift 3
Entwurf: Josef Albers, 1931

<S. 17, 19

Das Beispiel eines **beweglichen Bleiletter:**

Der Bleisatzkegel des gemeinen »g«
(01) Schrifthöhe
(02) Schriftbild
(03) Dickte
(04) Fleisch
(05) Signatur
(06) Kegelgröße

Der Einfluss der Technik auf die Typografie.

Hatte vor Gutenberg das Schreibwerkzeug einen wesentlichen Einfluss auf den Schriftduktus, so waren es bei den Bleilettern die technischen Gegebenheiten, die eine ganz eigene Ästhetik generierten. Ein Bleibuchstabe »saß« auf einem Kegel, der ihn trug. Seine Breite bestimmte letztendlich, wie nah der vorherige und der nächste Buchstabe (und dessen Kegel) ihm kommen konnten. Spielereien, wie sie heute üblich sind, wenn Buchstaben ineinander ragen oder sich berühren, waren technisch nicht möglich. Diese Einschränkung und viele weitere sorgten für eine Gesamtästhetik, die man als »typisch Bleisatz« bezeichnen kann. Es ist erstaunlich, dass die Bleisatztechnik über Jahrhunderte nahezu gleich blieb (von maschinenbetriebenen Satzverfahren einmal abgesehen).* Dabei fehlte es nicht an Überlegungen, wie man das Verfahren des Setzens und Schrift als solche optimieren könnte. Ein anschauliches Beispiel ist die *Kombinationsschrift 3* von Josef Albers, entworfen 1931. Die Absichten von Albers waren nur die besten: Der Vorteil sollte darin liegen, dass die Anzahl vorrätiger Typen für den Satz auf drei hatte reduziert werden können – alle Buchstaben wurden konstruiert aus den drei gleichen Einzelsegmenten. Auch sollte die stabile Form besonders robust sein, im Gegensatz zu herkömmlichen Schriften, bei denen Binnenräume oft »zuliefen« oder Serifen abbrachen. Durch die normierte Breite wiederum hätte die Zeilenlänge leicht berechnet werden können. »Sollte« und »hätte können« verrät bereits: Die Schrift setzte sich aus vielerlei Gründen nicht durch. Letztendlich argumentierte die ingenieurhafte Systematik am Leseverhalten und am ästhetischen Empfinden der Menschen vorbei.

* Es gab seltene Ausnahmen: Mit dem Aufkommen der Lithografie gab es auch eine neue typografische Ausdrucksform, die dem Bleisatz vorübergehend auf ästhetischer Ebene Konkurrenz machte. Der feine Strich-Duktus, den Zeichner auf dem Litho-Stein herstellen konnten, war im Bleisatz so nicht möglich.

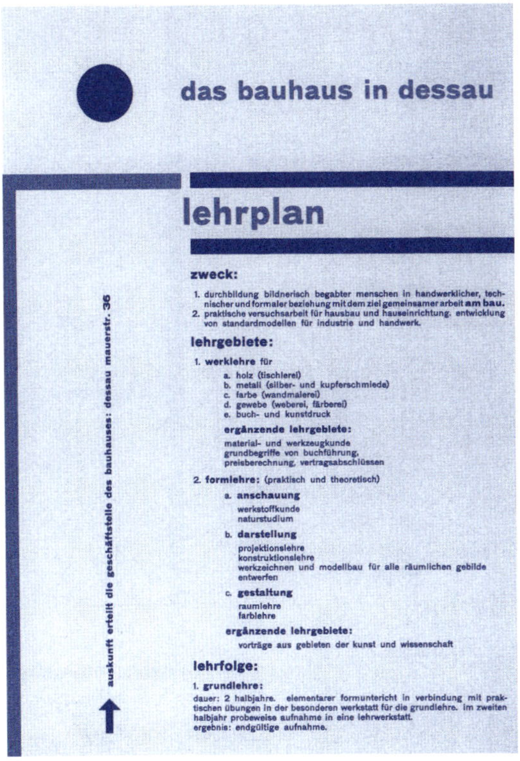

das bauhaus in dessau

lehrplan

zweck:

1. durchbildung bildnerisch begabter menschen in handwerklicher, technischer und formaler beziehung mit dem ziel gemeinsamer arbeit **am bau.**
2. praktische versuchsarbeit für hausbau und hauseinrichtung. entwicklung von standardmodellen für industrie und handwerk.

lehrgebiete:

1. **werklehre** für
   - a. holz (tischlerei)
   - b. metall (silber- und kupferschmiede)
   - c. farbe (wandmalerei)
   - d. gewebe (weberei, färberei)
   - e. buch- und kunstdruck

   ergänzende lehrgebiete:

   material- und werkzeugkunde
   grundbegriffe von buchführung,
   preisberechnung, vertragsabschlüssen
2. **formlehre:** (praktisch und theoretisch)
   - a. **anschauung**
     werkstoffkunde
     naturstudium
   - b. **darstellung**
     projektionslehre
     konstruktionslehre
     werkzeichnen und modellbau für alle räumlichen gebilde entwerfen
   - c. **gestaltung**
     raumlehre
     farblehre

   ergänzende lehrgebiete:

   vorträge aus gebieten der kunst und wissenschaft

lehrfolge:

1. **grundlehre:**

dauer: 2 halbjahre. elementarer formunterricht in verbindung mit praktischen übungen in der besonderen werkstatt für die grundlehre. im zweiten halbjahr probeweise aufnahme in eine lehrwerkstatt.
ergebnis: endgültige aufnahme.

auskunft erteilt die geschäftsstelle des bauhauses: dessau mauerstr. 36

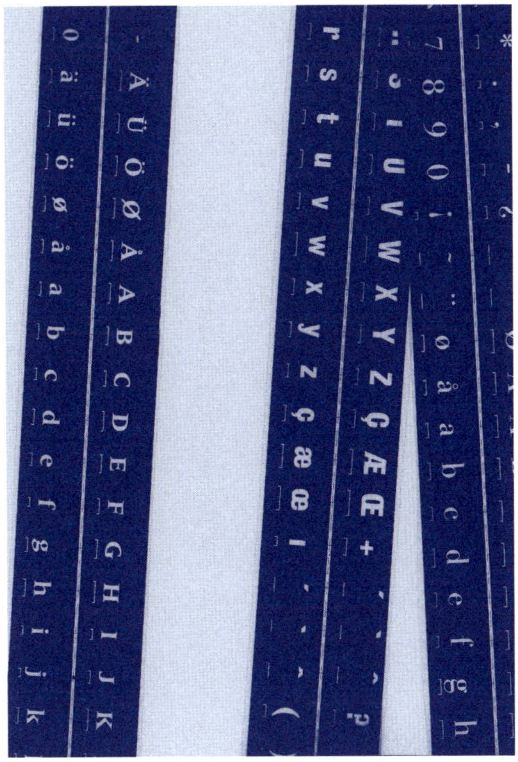

<S. 35

In der **Kleinschreibung des Bauhauses:** Der Lehrplan

<S. 19, 21

Das **Fotosatzverfahren:** Hier die Negative einer Schrift, als Fotosatzfolie für den Staromat.

Der Fotosatz löste Mitte des 20. Jahrhunderts schließlich den Bleisatz ab. Die neuen Möglichkeiten, die diese Technik zuließ, wurden gleich emsig genutzt: Schriften waren nicht mehr zwangsläufig auf die Horizontale verpflichtet, Buchstaben durften einander »näher kennenlernen« – sich berührende Lettern waren ein gestalterisches Merkmal jener Zeit. Auch hier entstand eine Ästhetik, die technik-typisch war.

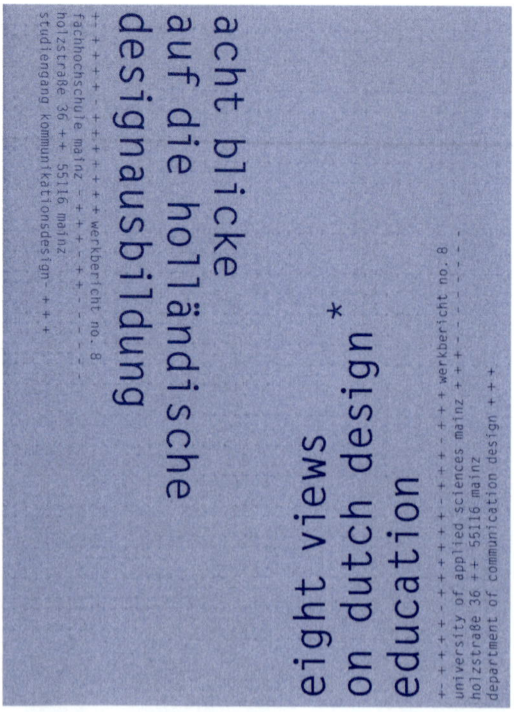

»eight views on dutch design education«,
herausgegeben vom Designlabor Gutenberg, HS Mainz.
In dem Buch wurde ausschließlich
die Letter Gothic (Linotype) verwendet.

a b c d e f g h i j k
l m n o p q r s t u v
w x y z

A B C D E F G H I J K
L M N O P Q R S T U V
W X Y Z

1 2 3 4 5 6 7 8 9 0

Hier die überarbeitete Letter Gothic (ParaType),
wie sie vom Fontshop vertrieben wird.

Viel älter als der Fotosatz, dafür aber heute noch aktuell: *Monospace-Schriften*, die ebenfalls eine ganz eigene Ästhetik aufweisen. Sie sind der Technik geschuldet, die Geräte wie die Schreibmaschine einst einforderten: Buchstaben mussten alle die gleiche Breite haben. Harmonische Buchstabenabstände und damit ein gleichmäßiges Schriftbild konnten bei diesen technischen Vorgaben nicht erzielt werden. Heute wird die digitalisierte Form der Monospace-Schriften eher dafür verwendet, den manuskripthaften Charakter eines Textes zu visualisieren – die unverändert vorhandenen »Fehler« (unruhiges Schriftbild durch »Löcher« im Satz) sollen den dienenden und temporären Charakter einer Information unterstreichen. Wer sich nun der Illusion hingibt, der Einfluss der Technik sei heute nicht mehr spürbar, weil im digitalen Universum schließlich alles möglich sei, der schaue sich das Menüfenster eines x-beliebigen Layout-Programms an, wo eine Reihe von vorzunehmenden Ersteinstellungen die ästhetischen Leitplanken für das spätere Layout bilden. Daher empfiehlt es sich, erst einmal frei assoziierend zu scribbeln, bevor man sich den ästhetischen Parametern der Programme beugt.

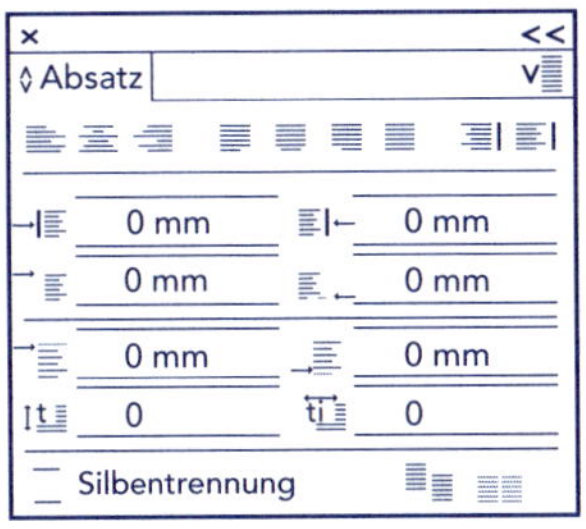

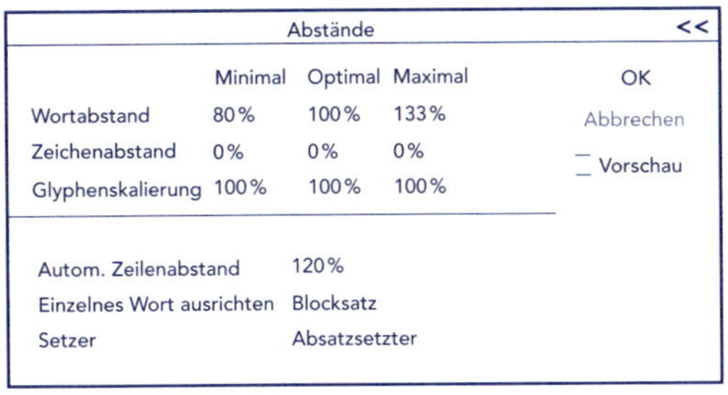

<S. 21

Die Abbildungen könnten für viele Layoutprogramme stehen: Bevor gestaltet werden kann, möchten die **Programme,** dass einige Vorabentscheidungen getroffen werden.

gebrochene Schriften
Schwabacher
Fraktur
gotische Minuskel

humanistische Antiqua
»deutsche« Identität

<S. 17, 35

Von links nach rechts im Vergleich: die »**Schwabacher**«, die »**Fraktur**« und die »Tannenberg« (von den Setzern der damaligen Zeit abfällig auch **Schaftstiefelgrotesk** genannt).

Schrift als Zeichen von Identität.

Gebrochene Schriften wie die *Schwabacher* oder die *Fraktur* (15. /16. Jahrhundert) galten auf Grund ihrer häufigen Verwendung im hiesigen Sprachraum lange Zeit als »deutsche Schriften«, gleichwohl war diese Deutung nie unumstritten. Begonnen hatte die Kontroverse, welche Schrift die deutsche Identität am ehesten verkörpere, mit der Bibelübersetzung Luthers im Jahr 1534, die in der Schrifttype *Schwabacher* gedruckt wurde. Auf diese Weise sollte sich die Bibel auch typografisch von der römischen Variante abheben. Das Beispiel illustriert die Aufspaltung der Schriftentwicklung in zwei Linien, die in jener Zeit ihren Anfang nahm: hier die auf der *gotischen Minuskel* basierenden *gebrochenen Schriften*, dort (vor allem im südeuropäischen Raum) die *humanistische Antiqua*. Die Parallelität der Entwicklungen währte rund 400 Jahre, stets begleitet von sporadischen Diskussionen. Im Jahr 1911 befasste sich gar der Reichstag mit der Frage zur »deutschen Schrift«. Die Mehrheit der Abgeordneten hielt die Fraktur für »deutsch«, sie setzte sich gegen den humanistischen Antiqua-Stil durch, der von einer Minderheit favorisiert worden war. Die *Fraktur* war bis in die 40er-Jahre des 20. Jahrhunderts hinein die meist gebrauchte Schrifttype der deutschen Literatur. Mit der Machtergreifung durch die Nazis wurde die Frage nach einer »deutschen Schrift« neu belebt. Die Nazis waren zunächst auch durchaus *Antiqua-Schriften* zugewandt, wie zahlreiche Beispiele zeigen. Dennoch wurden die *gebrochenen Schriften* auf Grund ihrer Konnotation als »nationales« Merkmal von Identität zum überwiegenden Gebrauch bestimmt. Die Buchstaben

< S. 17, 35

Die **Schaftstiefelgrotesk** (»Tannenberg«) im Einsatz.

< S. 35

Eine Antiqua, von den Nationalsozialisten **»Normalschrift«** genannt.

von gebrochenen Schriften wurden in der Nazizeit zu sogenannten *grotesk-gotischen* Formen vereinfacht. Man kann auch von einer »Vergröberung« des Schriftstils sprechen, der rückblickend eine geradezu gespenstische Symbiose mit den kommunizierten Inhalten darstellte.

Unter Setzern machte für Schriften wie die *Tannenberg* der Name *Schaftstiefelgrotesk* die Runde. Vor dem Hintergrund eines vermeintlichen Siegeszugs Deutschlands im angezettelten Zweiten Weltkrieg entschlossen sich die Nazis zu einem typografischen Schwenk. Um in den besetzten Gebieten kommunizieren zu können, waren *Antiqua-Schriften* geeigneter als die für fremde Augen nur schwer entzifferbaren gebrochenen Schriften. Die wurden 1941 kurzerhand zu »Judenlettern« erklärt und ihr weiterer Gebrauch untersagt. Heutzutage werden *gebrochene Schriften* subkulturell benutzt, als Leseschriften sind sie nicht mehr zu gebrauchen, da sie in Mengentexten meist nicht mehr gelesen werden können.

I come from a distant land. A peaceful and godfearing people once lived there ruled by a benign king. He was advised by great scholars and audacious scientists. But one day a nobleman, whom no one had ever laid eyes on before, came riding along on a magnificent steed, seeking an audience with the king. The king was a guileless individual for his advisers saw no reason for mistrust. And so it came to pass that they held a sumptuous royal banquet at which the wine flowed and both boiled and roast meat was served, as much as anyone could eat. As the hour grew late, the stranger started to butter the king up a little.

Ich komme aus einem fernen Lande. Einst lebte dort ein friedliches und gottesfürchtiges Volk, das ein gütiger König regierte. Beraten wurde er von großen Gelehrten und kühnen Wissenschaftlern. Doch eines Tages kam ein edler Mann auf einem prächtigen Pferd daher geritten, den keiner je zuvor gesehen hatte, der begehrte den König zu sehen. Der König war ohne Arglist, denn seine Berater sahen keinen Grund für Misstrauen. Und so hielten sie ein königliches Gelage, während dessen der Wein in Strömen floss und Gesottenes wie Gebratenes gereicht wurde, soviel man wollte. Zu vorgerückter Stunde nun strich der Fremde dem König ein wenig Honig um den Bart.

Je viens d'un pays lointain. Jadis, y vivait un peuple paisible et pieux, sur lequel régnait un roi. Il était conseillé par de grands savants et scientifiques audacieux. Un jour, un noble à cheval, inconnu de tous, demanda à rencontrer le roi. Le roi était sans soupçon car personne ne se méfiait. Tout le monde ripaillait avec abondance de vins et rôti à volonté. A une heure avancée, l'étranger cirait les pompes du roi.

Ich komme aus einem fernen Lande. Einst lebte dort ein friedliches und gottesfürchtiges Volk, das ein gütiger König regierte. Beraten wurde er von großen Gelehrten und kühnen Wissenschaftlern. Doch eines Tages kam ein edler Mann auf einem prächtigen Pferd daher geritten, den keiner je zuvor gesehen hatte, der begehrte den König zu sehen. Der König war ohne Arglist, denn seine Berater sahen keinen Grund für Misstrauen. Und so hielten sie ein königliches Gelage, während dessen der Wein in Strömen floss und Gesottenes wie Gebratenes gereicht wurde, soviel man wollte. Zu vorgerückter Stunde nun strich der Fremde dem König ein wenig Honig um den Bart.

Vengo da un paese lontano. In questo paese viveva un popolo piacevole e devoto che era regnato da un re benigno. Fu consultato da grandi scolari e scienziati audaci. Pero un giorno un nobiluomo, chi nessuno aveva visto prima, cavalcava su una giumenta magnifica, per chiedere un' audienza dal re, Il re era una persona ingenua, e per questo non vedeva motivo di non aver fiducia nei suoi consultanti. Allora fu che tutti si riunivano a tavolo del re e il vino scorse con abbondanza, accompagnando un piatto di carne, più che nessuno poteva mangiare. Con le ore che passavano, lo straniero comincio a lisciare il re.

Ich komme aus einem fernen Lande. Einst lebte dort ein friedliches und gottesfürchtiges Volk, das ein gütiger König regierte. Beraten wurde er von großen Gelehrten und kühnen Wissenschaftlern. Doch eines Tages kam ein edler Mann auf einem prächtigen Pferd daher geritten, den keiner je zuvor gesehen hatte, der begehrte den König zu sehen. Der König war ohne Arglist, denn seine Berater sahen keinen Grund für Misstrauen. Und so hielten sie ein königliches Gelage, während dessen der Wein in Strömen floss und Gesottenes wie Gebratenes gereicht wurde, soviel man wollte. Zu vorgerückter Stunde nun strich der Fremde dem König ein wenig Honig um den Bart.

von oben
Die »Times« links in englischer und rechts in deutscher Sprache. Die »Stempel Garamond« links in französischer und rechts in deutscher Sprache. Die »Bodoni« links in italienischer und rechts in deutscher Sprache (alle Schriften von Linotype).

Dass Schriften in der Vergangenheit ihre ästhetische Raffinesse aus den Bedingungen zogen, die die jeweilige Sprache des Landes vorgab, in dem sie entworfen wurden, zeigen die Beispiele der *Bodoni* aus Italien, der *Times* aus Großbritannien und der *Garamond* aus Frankreich. Ausschlaggebend für die Wirkung, die eine Schrift entfaltet, wenn sie in ihrer Heimatsprache geschrieben wird, sind orthografische Besonderheiten – etwa der Umgang mit Versalien, der Einsatz von Akzenten oder die sprachtypische Häufigkeit bestimmter Buchstaben. Hier von einer beschworenen Verbindung zwischen Schrift und Identität zu sprechen, wie es am Beispiel der *gebrochenen Schriften* in Deutschland demonstriert wurde, wäre jedoch zu weit gegriffen.

Man könnte meinen, dass überall dort, wo das lateinische Alphabet und die arabischen Ziffern* verwendet werden, die gleiche formale Ausprägung vorzufinden ist.
Aber bereits in den benachbarten Niederlanden ist eine andere handschriftliche »Sozialisation« augenfällig, etwa beim Schreiben von Ziffern: Die Eins wird als einfacher Strich dargestellt, der Sieben fehlt der Querstrich und insgesamt werden Mediävalziffern verwendet. Entgegen der allgemeinen Systematisierung von Kommunikation (im Zuge der Globalisierung) bewahren die Regionen dieser Welt ihre Eigenarten – zumindest im analogen Gebrauch von Schrift. Der Grund dafür liegt in den unterschiedlichen Traditionen, wie das Schreiben mit der Hand erlernt wird.

* »Arabisch« ist Umgangssprache, eigentlich müssten Ziffern nach ihrer Herkunft als »indisch« bezeichnet werden. Dort, in der altindischen Brahmi-Schrift, haben sie nämlich ihren Ursprung.

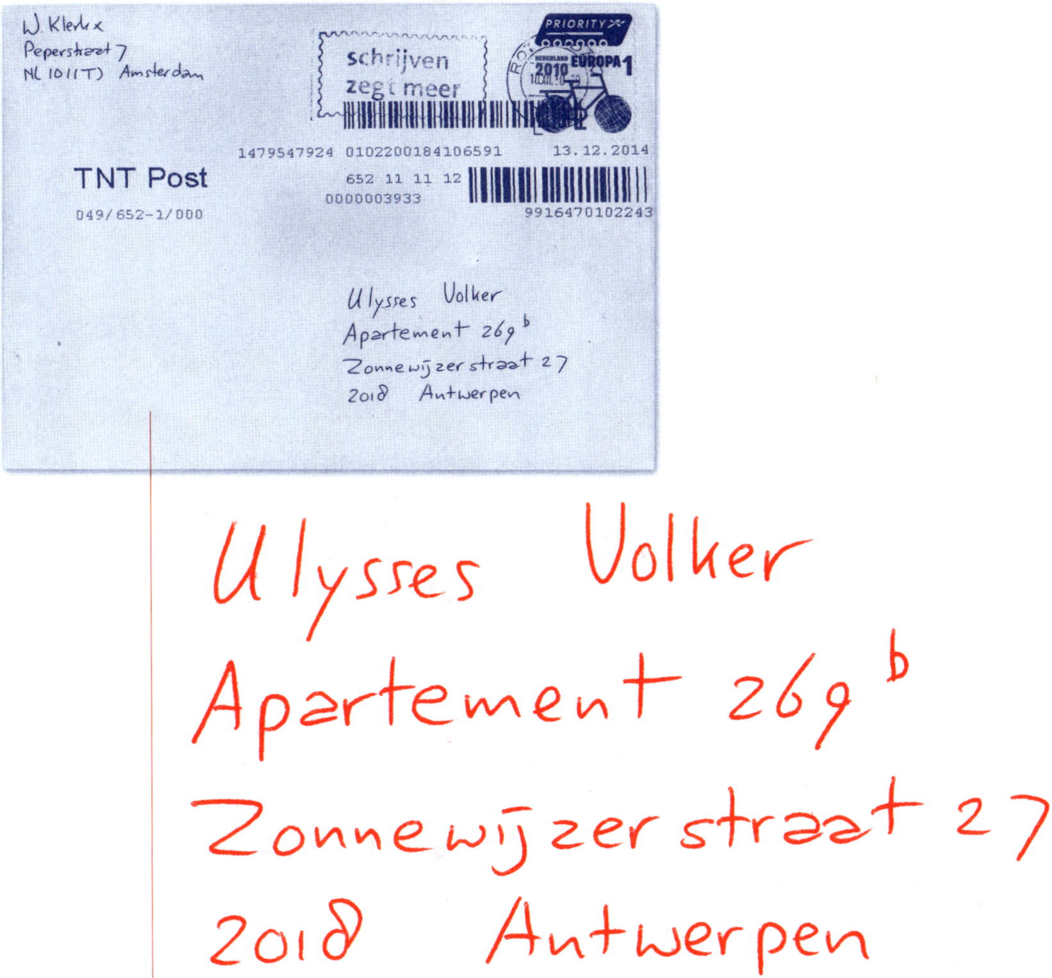

Post aus den Niederlanden.

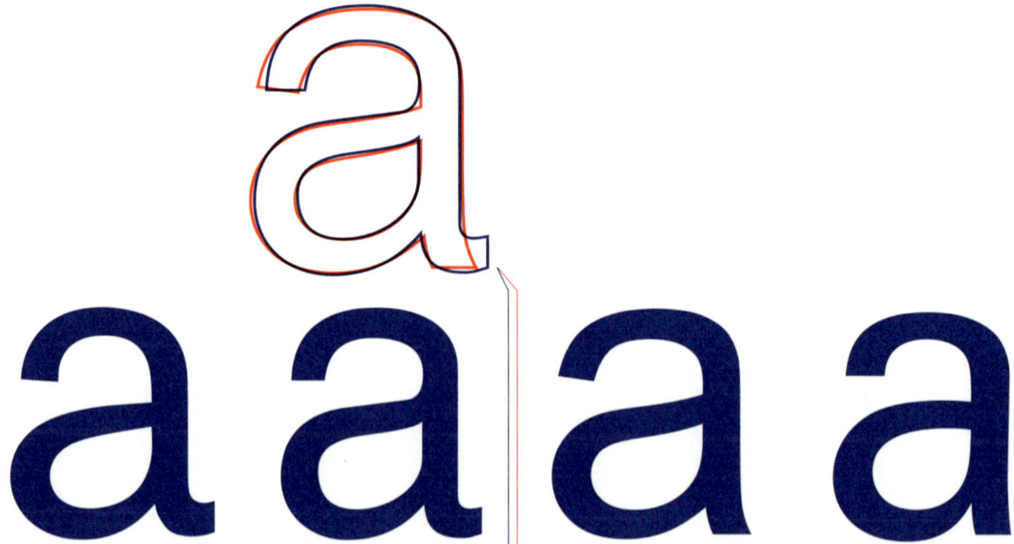

Ich komme aus einem fernen Lande. Einst lebte dort ein friedliches und gottesfürchtiges Volk, das ein gütiger König regierte. Beraten wurde er von großen Gelehrten und kühnen Wissenschaftlern. Doch eines Tages kam ein edler Mann auf einem prächtigen Pferd daher geritten, den keiner je zuvor gesehen hatte.

<S. 49, 51

Akzidenz Grotesk (Berthold)
7,5 pt / ZAB 9,1 pt

Ich komme aus einem fernen Lande. Einst lebte dort ein friedliches und gottesfürchtiges Volk, das ein gütiger König regierte. Beraten wurde er von großen Gelehrten und kühnen Wissenschaftlern. Doch eines Tages kam ein edler Mann auf einem prächtigen Pferd daher geritten, den keiner je zuvor gesehen hatte.

<S. 51

Helvetica (Linotype)
Entwurf: Max Miedinger
7,5 pt / ZAB 9,1 pt

Ich komme aus einem fernen Lande. Einst lebte dort ein friedliches und gottesfürchtiges Volk, das ein gütiger König regierte. Beraten wurde er von großen Gelehrten und kühnen Wissenschaftlern. Doch eines Tages kam ein edler Mann auf einem prächtigen Pferd daher geritten, den keiner je zuvor gesehen hatte.

Arial
Microsoft
7,5 pt / ZAB 9,1 pt

Ich komme aus einem fernen Lande. Einst lebte dort ein friedliches und gottesfürchtiges Volk, das ein gütiger König regierte. Beraten wurde er von großen Gelehrten und kühnen Wissenschaftlern. Doch eines Tages kam ein edler Mann auf einem prächtigen Pferd daher geritten, den keiner je zuvor

<S. 51

Univers (Linotype)
Entwurf: Adrian Frutiger
7,5 pt / ZAB 9,1 pt

Imitat und Original

Gutenbergs Erfindung der beweglichen Bleilettern ermöglichte eine Vielzahl unterschiedlicher Schriften, die über die Jahrhunderte hinweg entworfen und verbreitet wurden. Ohne an dieser Stelle auf die jeweiligen stilistischen und funktionsbezogenen Einflüsse eingehen zu können, muss man konstatieren, dass Tatbestände wie »das Kopieren« schon immer zum Thema Schriftentwurf gehörten. Eine Schrift zu entwerfen, die in ihrem stilistischen Duktus bereits vorhandenen Schriften ähnelte und doch ein Eigenleben besaß, durchzieht die gesamte Schriftgeschichte und hat durchaus nichts Ehrenrühriges.

Die Frage nach dem Grund einer Schriftneuentwicklung kann allerdings manche Geschichte zu Tage fördern, die zu unterschiedlichen Interpretationen hinsichtlich der Legitimation einlädt: Im Jahr 1957 erscheint die *Neue Haas Grotesk*, entworfen von Max Miedinger und herausgegeben von der Haas'schen Schriftgießerei. Sie soll die Antwort sein auf die kommerziell so erfolgreiche *Akzidenz Grotesk*, die von dem Konkurrenten H. Berthold vertrieben wird. Deren »Geburtsjahr« liegt zwar ebenso im Dunkeln wie der Name ihres Erschaffers, Experten sind sich jedoch darin einig, dass sie im ausgehenden 19. Jahrhundert das Licht der Welt erblickte.

1961 wird die *Neue Haas'sche Grotesk* aus Marketing-Gründen in *Helvetica* umbenannt – eine Reminiszenz an die *Schweizer Typografie*, die gerade weltweit in Mode kommt. Die Nähe der *Helvetica* zur *»AG«* ist unbestritten, es bleibt den Betrachtern überlassen, die

Univers

Arial
Microsoft

Segoe UI
Frutiger Next

Ich komme aus einem fernen Lande. Einst lebte dort ein friedliches und gottesfürchtiges Volk, das ein gütiger König regierte. Beraten wurde er von großen Gelehrten und kühnen Wissenschaftlern. Doch eines Tages kam ein edler Mann auf einem prächtigen Pferd daher geritten, den keiner je zuvor gesehen hatte.

Frutiger Next (Linotype)
Entwurf: Adrian Frutiger
7,5 pt / ZAB 9,1 pt

Ich komme aus einem fernen Lande. Einst lebte dort ein friedliches und gottesfürchtiges Volk, das ein gütiger König regierte. Beraten wurde er von großen Gelehrten und kühnen Wissenschaftlern. Doch eines Tages kam ein edler Mann auf einem prächtigen Pferd daher geritten, den keiner je zuvor

Segoe UI
Microsoft
7,5 pt / ZAB 9,1 pt

ästhetische Individualität der jeweiligen Schrift zu entdecken. 1954 entwirft Adrian Frutiger die *Univers*, die erste Schrift, die als System aufgebaut ist. Vom Normalschnitt (*Univers 55*) werden alle anderen Schnitte abgeleitet. Die *Univers* ist als Kind ihrer Zeit unverkennbar, erzielt ihre Erfolge jedoch eher in den benachbarten Niederlanden, während die *Helvetica* sich in Deutschland und in den USA durchsetzt.

1982 wird die *Arial* entworfen, eine *Grotesk-Schrift*, die für eine bessere Lesbarkeit auf niedrigauflösenden Bildschirmen sorgen soll. Angeblich ist sie dort der *Helvetica* überlegen. Interessanterweise entspricht die Metrik der *Arial* jener der *Helvetica* in fast identischer Weise. Plagiatsvorwürfe werden von der Firma Monotype, die diese Schrift (Entwurf: Robin Nicholas, Patricia Saunders) für Microsoft entwickeln ließ, zurückgewiesen. Microsoft übersteht die Plagiatsvorwürfe.

Bei der Einführung von Windows Vista und Windows 7 muss die Firma sich erneut solchen Vorwürfen stellen, diesmal zieht sie vor Gericht den Kürzeren. Die von ihr als Systemschrift entwickelte *Segoe UI* soll – von minimalen Unterschieden abgesehen – mit der Schrift *Frutiger Next* der Firma Linotype identisch sein. Microsoft wehrt sich vergeblich. Der Geschmacksmusterschutz für die *Segoe UI* wird auf Grund des »identischen« Druckbildes mit der *Frutiger* für nichtig erklärt. Geschichten wie diese weisen auf manch ökonomische Gründe für die Neuentwicklungen von Schriften hin (Verkauf, Marketing, Lizenz- und Urheberrechtsfragen).

Das Leitsystem des Flughafens Düsseldorf.
Erik Spiekermann (damals Metadesign) zeichnete verantwortlich für die eigens entwickelte Schrift »FF Info« sowie für das Piktogramm-System.

Das Leitsystem des Flughafens »Charles de Gaulle«. Die Leitsystem-Schrift wurde von Adrian Frutiger entworfen.

Es gibt aber auch rein funktionsbezogene Anlässe, etwa wenn Schriften für Leitsysteme konzipiert wurden – wie zum Beispiel die *Frutiger* (Entwurf: Adrian Frutiger) für den Pariser Flughafen »Charles de Gaulle« oder die *FF Info* (Entwurf: Meta Design, Erik Spiekermann) für den Flughafen Düsseldorf.

Eine letzte Triebfeder soll hier noch Erwähnung finden, die dafür sorgt, dass das Angebot an Schriften immer größer wird. Es geht um die von Gestaltern gelegentlich angestrebte »Selbstverwirklichung«, die sich in Schriftentwürfen äußert, die niemand bestellt hat und die eigentlich auch niemand braucht – die aber zur Weiterentwicklung visueller Kommunikation einfach dazugehören, quasi als Experiment an den Grenzen etablierter Ausdrucksweisen.

„Lieber König, von Euch geht die Kunde, der Klügste aller Klugen und der Tapferste aller Tapferen zu sein. Seid so gnädig, und stellt mir doch ein Tausendstel Eures Wissens vor, indem Ihr eine Frage beantwortet.“ Der König war bereits ein wenig trunken, da er antwortete: „Gern, edler Herr, das will ich tun. Und damit Ihr seht, dass der Mut mein Pate ist, so dürft Ihr Euch was wünschen, wenn ich's nicht errate.“ „So spricht ein Herrscher aller Herrscher“, antwortete der Fremde, „der Handel ist gemacht.“ Sodann hub er an, die Frage zu stellen: „Es ist das Haus vom Schusterjungen und seiner Schwester, dem Hurenkind, die der Herr aber verjagen muss.

„Der König war bereits ein wenig trunken.“

<S. 105

Die Schrift »Fraktendon«.
Sie funktioniert als **Displayschrift,**
nicht jedoch im Mengensatz.

<S. 103

Das Lesen erfolgt in **Sakkaden** oder anders ausgedrückt:
Das Auge eilt von Fixationspunkt zu Fixationspunkt.

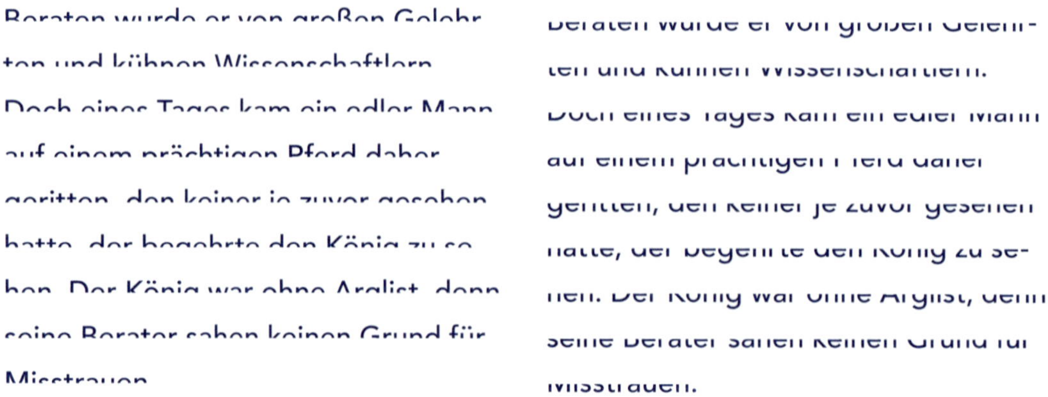

Der Blick schweift beim Lesen über den oberen Teil der Wörter. Der Bereich der Oberlängen und der oberen x-Höhen-Ränder gibt offensichtlich genügend Auskunft über ein Wort – im Gegensatz zu den Unterlängen und dem unteren Rand der x-Höhen.

Über das Lesen

In Kapitel B2 ist an einigen Stellen davon die Rede, wie Lesen funktioniert. Ein Beitrag geht dabei auf die neurobiologischen Vorgänge ein, die einsetzen, wenn die Augen mit dem Lesen beginnen. Es geht dort um Sakkaden, Millisekunden und neuronale Vernetzungen. Kurzum: Es geht um das Lesen im Sinne eines definierten naturwissenschaftlichen Prozesses. Es gibt aber auch noch eine andere Deutung des Lesevorganges, die viel nachvollziehbarer ist, weil man sie an sich selbst beobachten kann. Es geht um die Ökonomie.
Otl Aicher hat dies in seinem Buch »typographie« auf den Punkt gebracht: »Die Entwicklungsgeschichte des Menschen ist ein fast dramatisch eindringliches Beispiel für Veränderungen unter zwei zwingenden Aspekten des Lebens: Minimierung des Aufwands und Optimierung der Möglichkeiten. Der Aspekt der Ökonomie besagt, dass man das weniger Aufwendige und Anstrengende dem Umständlicheren vorzieht.« Mit anderen Worten, der Mensch ist von Natur aus faul und das zu Recht. Denn würde er alle Informationen aufnehmen und verarbeiten wollen, die Tag und Nacht auf ihn einwirken, dann wäre er nicht mehr in der Lage sich zu orientieren. Daher steuert das Gehirn unsere Sinne: Wir hören aus einer Kakophonie von Geräuschen das heraus, was wir hören wollen oder für wichtig halten, wir reden, wenn und auf welche Weise wir es für notwendig erachten und wir sehen unter den zahllosen Dingen, die unsere Augen erfassen, nur das, was wir für relevant halten. Relevantes zu melden gilt natürlich auch für das Fühlen und Riechen. Das Gehirn selektiert, was die Sinne ihm

Es ist unlösbar für den, der garnicht liest und einfach für den, der mit lateinischen Buchstaben umzugehen weiß, sprach der Fremde und lachte.

Zu großer Text kann bei gleichem Leseabstand (etwa bei einer Buchlektüre) ähnlich schwer lesbar sein wie zu kleiner Text.

übermitteln sollen – und was im Unterbewussten abgespeichert wird, sozusagen als Sekundärinformation.

Legt man die Faulheit und die Selektion nach Relevanz zu Grunde, dann kann es hinsichtlich der Typografie eigentlich keine zwei Meinungen geben: Sie muss diesen Rezeptionsweisen Rechnung tragen, sonst wird nicht gelesen. Praktische Beispiele gibt es genug. »Kleingedrucktes liest man nicht«, das weiß jedes Kind. Weitere typografische »Behinderungen« bei der Aufnahme von (zumindest längeren) Informationen: Versalsatz, umfangreiche kursiv gesetzte Texte, schmal geschnittene Schriften im Mengensatz, neben zu kleinen Schriftgraden auch zu große, zu lange Zeilen und so weiter und so fort. Die bewährten Mittel, wie Typografie die Augen umschmeicheln kann, sind längst bekannt und letztendlich das Maß der Dinge. Aber auch hier gilt natürlich: Für »hinterlistige« Absichten in der visuellen Kommunikation kommen ALLE Mittel in Frage. Wenn man weiß, wie sie wirken.

Und so hielten sie ein königliches Gelage, während dessen der Wein in Strömen floss und Gesottenes wie Gebratenes gereicht wurde, soviel man wollte. Zu vorgerückter Stunde nun strich der Fremde dem König ein wenig Honig um den Bart. »Lieber König, von Euch geht die Kunde, der Klügste aller Klugen und der Tapferste aller Tapferen zu sein. Seid so gnädig, und stellt mir doch ein Tausendstel Eures Wissens vor, indem Ihr eine Frage beantwortet.«

Und so hielten sie ein königliches Gelage, während dessen der Wein in Strömen floss und Gesottenes wie Gebratenes gereicht wurde, soviel man wollte. Zu vorgerückter Stunde nun strich der Fremde dem König ein wenig Honig um den Bart. »Lieber König, von Euch geht die Kunde, der Klügste aller Klugen und der Tapferste aller Tapferen zu sein. Seid so gnädig, und stellt mir doch ein Tausendstel Eures Wissens vor, indem Ihr eine Frage beantwortet.«

Zweimal die »Frutiger« (Linotype) in 4 pt: oben ohne Anhebung der Laufweite, unten mit erhöhter Laufweite zum Zwecke der besseren Lesbarkeit.

SODANN HUB ER AN, DIE FRAGE ZU STELLEN: »ES IST DAS HAUS VOM SCHUSTERJUNGEN UND SEINER SCHWESTER, DEM HURENKIND, DIE DER HERR ABER VERJAGEN MUSS. DAS HAUS IST 70 STEINE BREIT UND VIELE ZEILEN HOCH. ES HAT AUF BEIDEN SEITEN GERADE KANTEN, DIE ZIEHEN AN DEN STEINEN UND WENN ZU WENIGE GESETZT SIND, GIBT'S GROSSE LÖCHER, DAS ABER DARF NICHT SEIN. ES IST UNLÖSBAR FÜR DEN, DER NICHT LIEST UND EINFACH FÜR DEN, DER MIT LATEINISCHEN BUCHSTABEN UMZUGEHEN WEISS«, SPRACH DER FREMDE, »DES RÄTSELS LÖSUNG HEISST: ES IST DER BLOCKSATZ.«

oben:
Text in Versalien (Frutiger Regular)
unten:
schmallaufende Schrift (Frutiger Condensed).

Und so hielten sie ein königliches Gelage, während dessen der Wein in Strömen floss und Gesottenes wie Gebratenes gereicht wurde, soviel man wollte. Zu vorgerückter Stunde nun strich der Fremde dem König ein wenig Honig um den Bart. »Lieber König, von Euch geht die Kunde, der Klügste aller Klugen und der Tapferste aller Tapferen zu sein. Seid so gnädig, und stellt mir doch ein Tausendstel Eures Wissens vor, indem Ihr eine Frage beantwortet.«

Und so hielten sie ein königliches Gelage, während dessen der Wein in Strömen floss und Gesottenes wie Gebratenes gereicht wurde, soviel man wollte. Zu vorgerückter Stunde nun strich der Fremde dem König ein wenig Honig um den Bart. »Lieber König, von Euch geht die Kunde, der Klügste aller Klugen und der Tapferste aller Tapferen zu sein. Seid so gnädig, und stellt mir doch ein Tausendstel Eures Wissens vor, indem Ihr eine Frage beantwortet.«

Zweimal die »Times« (Linotype) in 4 pt: oben ohne Anhebung der Laufweite, unten mit erhöhter Laufweite zum Zwecke der besseren Lesbarkeit.

Ich komme aus einem fernen Lande. Einst lebte dort ein friedliches und gottesfürchtiges Volk, das ein gütiger König regierte. Beraten wurde er von großen Gelehrten und kühnen Wissenschaftlern. Doch eines Tages kam ein edler Mann auf einem prächtigen Pferd daher geritten, den keiner je zuvor gesehen hatte, der begehrte den König zu sehen. Der König war ohne Arglist, denn seine Berater sahen keinen Grund für Misstrauen. Und so hielten sie ein königliches Gelage, währendessen der Wein in Strömen floss und Gesottenes wie Gebratenes gereicht wurde, soviel man wollte.

<S. 105

Sowohl Mengentexte in Versalien als auch Mengentexte in einer schmal geschnittenen Schrift verringern den **Lesekomfort.**

Ökonomie war das Stichwort beim Leseverhalten, Ökonomie spielt auch im folgenden Beispiel eine Rolle. Diesmal sind es Angebote von außen, die größtmöglichen Komfort versprechen. Es handelt sich um ein kleines Programm namens »Spritz«, das als App verfügbar ist. Es verspricht, schnelleres Lesen zu ermöglichen. Auch wenn man ketzerisch fragen möchte, wo eigentlich all die Zeit geblieben ist, die wir bereits von den letzten »Zeitersparnissen« (auf Grund der fortschreitenden technischen Entwicklungen) übrig haben müssten, so hat das Wort »Zeitersparnis« doch nach wie vor seinen magischen Reiz. Das Programm wurde auf Basis sensomotorischer Erkenntnisse entwickelt. Seine Funktionsweise verspricht, sich auf Relevantes konzentrieren zu können, ganz im Sinne der erwähnten »Faulheit«: Die Augen fixieren ein und denselben Punkt auf einem Screen. Genau genommen fixieren sie ein umrahmtes Feld, in dem Wörter hintereinander erscheinen und in ihrer Reihenfolge Sätze ergeben. Forschungen haben herausgefunden, dass es in Wörtern bestimmte Buchstaben gibt, die es erlauben, mit ihrer Fixation zugleich das ganze Wort zu erfassen. Ein Lesen in Sakkaden findet nicht mehr statt, wird es doch als ein wesentliches Hindernis angesehen, wenn man Texte »ökonomischer«, also schneller lesen soll. »Spritz« verspricht eine Erhöhung der Lesegeschwindigkeit von den üblichen 200 Wörtern auf 600 oder gar 1000 Wörter pro Minute.

Der Tribut des Lesers: Man starrt auf einen festen Punkt, darf weder abschweifende Gedanken hegen noch kann

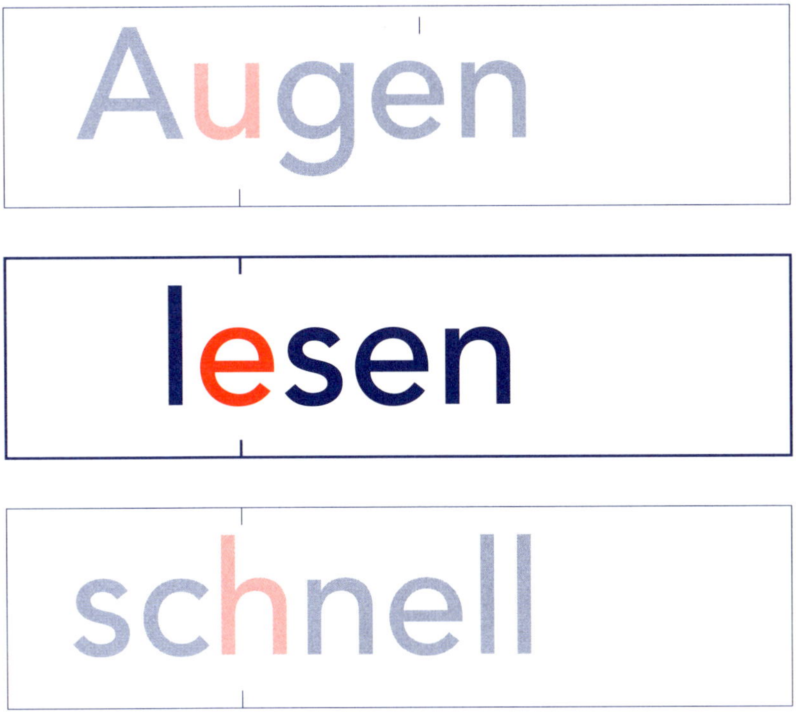

<S. 93

Leseverhalten im Fokus der Technik: Das Programm »Spritz« besteht im »Front End« aus einem Feld, in dem jeweils nur ein Wort erscheint. Dieses wird im Rhythmus einer zu wählenden Geschwindigkeit von einem neuen Wort abgelöst.

man den gewohnten Regressionsprozess (also das zurückschauende Vergewissern, ob man alles verstanden hat) vornehmen – das Programm gibt das einmal gewählte Tempo vor und kennt keine Pausen, es sei denn man stoppt es. Für kurze Nachrichten auf kleinen Screens, zum Beispiel auf künftigen Multifunktions-Armbanduhren, ist »Spritz« gut geeignet. Das Lesen von 1000-seitigen Romanen, das laut Hersteller in 10 Stunden (bei einer Lesegeschwindigkeit von 1000 Wörtern pro Minute) bewältigt werden kann, lässt sich auf Grund der komplexen Vorgänge im Gehirn nicht bewerkstelligen – ein Ergebnis herkömmlichen Lesens ist es ja, das im Moment Gelesene mit den Erfahrungen, Bildwelten und Imaginationen des Lesers zu verknüpfen. Je nach Komplexität des Textes ändert sich das Tempo bei herkömmlichen Lesevorgängen unbewusst (siehe auch »Das lesende Gehirn«, Buchempfehlung 88).

Ein von außen vorgegebenes Tempo, dazu noch ohne Regressionsmöglichkeit und ohne »Vorausschau«, erschweren demnach das Durchdringen anspruchsvoller Text-Materie. Zurück bleibt nur die Illusion, etwas erfasst zu haben. Der Hersteller verkündet auf seiner Website, dass bis 2016 rund 15 % der weltweit gelesenen Texte mit diesem Programm aufgenommen werden sollen.

Dieses »Car Wash«-Angebot wirkt auf uns wenig vertrauenerweckend, auch wenn sich die Macher des Schildes alle Mühe gaben. Die Skurrilität der Gestaltung hat aber auch einen eigentümlichen Reiz.

Typografie ist Kultur

Unser Alltag ist geprägt von visuellen Botschaften aller Art, in oft schwankender typografischer Qualität. Gestalter sollten das verwinden können. Manchmal sind es gerade die amateurhaften typografischen Bemühungen, die zufällige und reizvolle Merkwürdigkeiten hervorbringen, wie das Beispiel einer Tankstelle im belgischen Gent zeigt. Nicht zuletzt ist Vielfalt in der visuellen Kommunikation auch ein Zeichen kultureller Vitalität. Eine durchgehende Normierung gestalterischer Ausdrucksweisen (im Sinne »regelkonformer« oder »guter« Typografie) liefe der menschlichen Natur zuwider und wäre auf demokratischem Wege kaum durchsetzbar. Eigentlich gilt sogar das Gegenteil: Die Zufälligkeiten semiprofessioneller Gestaltung in den Alltagskulturen der Welt sind eine Quelle der Inspiration.

Sie erweitern den eigenen visuellen Kanon, in dem und mit dem man sich im Laufe der Jahre eingerichtet hat. Wie erfrischend neue Impulse wirken, wird jeder bestätigen können, der mit europäischen Augen beispielsweise mexikanische Wandbilder oder handgemalte nigerianische Filmplakate betrachtet. Mexikanischen und nigerianischen Gestaltern wird es in Europa beim Betrachten semiprofessioneller Alltagstypografie ähnlich ergehen.

Der »Paix – Bunker«:
Ein Projekt von Rainer Tappeser.

Der deutsche Künstler Rainer Tappeser hat in der Nähe der französischen Stadt Verdun einen ehemaligen Wehrmachtsbunker mit riesigen gelben Lettern bemalt, die das Wort »Paix« (deutsch: Frieden) bilden.Diese letzten Bilder zeigen alle Aspekte, für die Typografie stehen kann: Typografie ist politisch; Typografie ist Stil; Typografie kann unter Umständen Kunst sein; Typografie wirkt im Detail und als Gesamtes; Typografie hat eine semantische und eine syntaktische Ebene; Typografie ist elementarer Bestandteil von Kommunikation; Typografie ist Kultur.

C

3 Appendix

Liste aller Bücher von A–Z, nach Buchtiteln und Autoren sortiert –– Liste aller Links –– Register der Stichwörter –– Liste aller genannten Schriften –– Bildquellen –– Impressum

A

(45) Adrian Frutiger – Schriften. Das Gesamtwerk
Osterer, Heidrun; Philipp Stamm (Hrsg.)

(48) Altitude: Contemporary Swiss Graphic Design
Klanten, Robert; Nicolas Bourquin; Claudia Mareis (Hrsg.)

(24) Anarchie der Zeichen
Grafik-Design von den Achtzigern bis heute.
Poynor, Rick

(92) Anatomie der Buchstaben
Basiswissen für Schriftgestalter.
Cheng, Karen

(66) Art and Text
Selby, Aimee (Hrsg.)

(88) Ausgewählte Aufsätze über Fragen der Gestalt des Buches und der Typographie
Tschichold, Jan

B

(14) Bauhaus
Droste, Magdalena

(21) Blackletter: Type and National Identity
Bain, Peter; Paul Shaw (Hrsg.)

(103) Bibliographic: 100 Classic Graphic Design Books
Godfrey, Jason

C

(32) Confessions of the Guerrilla Girls
Guerrilla Girls

(78) Counterpunch
Making Type in the Sixteenth Century. Designing Typefaces now.
Smeijers, Fred

D

(81) Das Detail in der Typografie
Hochuli, Jost

(12) Das Lachen DADAs: Die Berliner Dadaisten und ihre Aktionen
Bergius, Hanne

(89) Das lesende Gehirn
Wie der Mensch zum Lesen kam – und was es in unseren Köpfen bewirkt
Wolf, Maryanne

(29) David Carson, The end of print, Band 1
Blackwell, Lewis; David Carson

(09) Decodeunicode
Bergerhausen, Johannes; Siri Poarangan

(71) Der Mensch und seine Zeichen. Schriften, Symbole, Signets, Signale
Frutiger, Adrian

(18) Der Typografiestreit der Moderne
Max Bill kontra Jan Tschichold.
Bosshard, Hans Rudolf

(85) Der typografische Raster
The typographic grid.
Bosshard, Hans Rudolf

(101) Design als Rhetorik
Grundlagen, Positionen, Fallstudien
Joost, Gesche; Arne Scheuermann

(37) Design's Delight: method and means of a dialogic practice
Van Toorn, Jan

(84) Detailtypografie
Forssman, Friedrich; Ralf de Jong

(49) Die Deutschen und ihre Nachbarn: Niederlande
Mak, Geert

(02) Die Druckerpresse
Kulturrevolutionen im frühen Europa
Eisenstein, Elisabeth L.

(72) Die Gutenberg Galaxis: Das Ende des Buchzeitalters
McLuhan, Marshall

(17) Die neue Typographie
ein Handbuch für zeitgemäß Schaffende.
Tschichold, Jan

(70) Die Schrift.
Hat Schreiben Zukunft?
Flusser, Vilém

(69) Die Sprache der Kunst
Die Beziehung von Bild und Text in der Kunst des 20. Jahrhunderts.
Louis, Eleonora; Toni Stooss

(102) Digitale Keilschrift
Bergerhausen, Johannes

(15) Dreieck, Quadrat und Kreis
Bauhaus und Design-Theorie heute
Lupton, Ellen; J. Abbott Miller (Hrsg.)

(51) Dutch Type
Middendorp, Jan

E

(99) Einführung in die Semiotik
Eco, Umberto

(13) El Lissitzky: Proun 23 N
oder der Umstieg von der Malerei zur Gestaltung als Thema der Moderne.
Simons, Katrin

(16) Elementare Typografie
Tschichold, Jan

(55) EMIGRE No. 70 The Look Back Issue
VanderLans, Rudy

(80) Erste Hilfe in Typografie
Willberg, Hans Peter; Friedrich Forssman

F

(50) False Flat. Why Dutch Design is so good
Betsky, Aaron; Adam Eeuwens

(30) Fucked up + photocopied
Instant Art of the Punk Rock Movement.
Turcotte, Bryan Ray; Christopher T. Miller

G

(03) Gutenberg. Aventur und Kunst
Stadt Mainz (Hrsg.)

H

(54) Hallo, ich bin Erik
Erik Spiekermann: Schriftgestalter, Designer, Unternehmer
Erler, Johannes

(34) Handbuch der Kommunikati-onsguerilla
Blissett, Luther

(64) Hipster: Eine transatlantische Diskussion
Greif, Mark; Tobias Moorstedt

I

(73) Iconic Turn Die neue Macht der Bilder
Burda, Hubert; Christa Maar (Hrsg.)

(19) Iron Fists
Branding the 20th-Century Totalita-rian State.
Heller, Steven

J

(42) Josef Müller-Brockmann. Ein Pionier der Schweizer Grafik
Müller, Lars (Hrsg.)

K

(79) Kitsch
Texte und Theorien
Dettmar, Ute; Thomas Küpper (Hrsg.)

(43) Kompendium für Alphabeten – Systematik der Schrift
Gerstner, Karl

A

(01) Aicher, Otl
typographie

(87) Armstrong, Helen; Zvezdana Stojmirovic
Participate Designing with user-generated content

B

(77) Baecker, Dirk
Wozu Kultur?

(21) Bain, Peter; Paul Shaw (Hrsg.)
Blackletter: Type and National Identity

(09) Bergerhausen, Johannes; Siri Poarangan
Decodeunicode

(102) Digitale Keilschrift
Bergerhausen, Johannes

(12) Bergius, Hanne
Das Lachen DADAs: Die Berliner Dadaisten und ihre Aktionen

(50) Betsky, Aaron; Adam Eeuwens
False Flat. Why Dutch Design is so good

(22) Bill, Max; Gerd Fleischmann, Hans Rudolf Bosshard, Christoph Bignens
Max Bill: Typografie, Reklame, Buchgestaltung
Typography, Advertising, Book Design.

(10) Blackwell, Lewis
20th century type remix

(29) Blackwell, Lewis; David Carson
David Carson, The end of print, Band 1

(34) Blissett, Luther
Handbuch der Kommunikationsguerilla

(60) Böhmer, Achim; Sara Hausmann
Retrodesign.

(85) Bosshard, Hans Rudolf
Der typografische Raster
The typographic grid.

(18) Bosshard, Hans Rudolf
Der Typografiestreit der Moderne: Max Bill kontra Jan Tschichold.

(27) Brody, Neville; Jon Wozencroft
The graphic language of Neville Brody

(28) Brody, Neville; Jon Wozencroft
The graphic language of Neville Brody 2

(73) Burda, Hubert; Christa Maar (Hrsg.)
Iconic Turn. Die neue Macht der Bilder

C

(92) Cheng, Karen
Anatomie der Buchstaben
Basiswissen für Schriftgestalter.

D

(79) Dettmar, Ute; Thomas Küpper; (Hrsg.)
Kitsch. Texte und Theorien

(14) Droste, Magdalena
Bauhaus

E

(99) Eco, Umberto
Einführung in die Semiotik

(98) Eco, Umberto
Zeichen. Einführung in einen Begriff und seine Geschichte

(82) Eisele, Petra; Isabel Naegele
Texte zur Typografie

(02) Eisenstein, Elisabeth L.
Die Druckerpresse. Kulturrevolutionen im frühen Europa

(54) Erler, Johannes
Hallo, ich bin Erik
Erik Spiekermann: Schriftgestalter, Designer, Unternehmer

(06) Erlhoff, Michael; Tim Marschall
Wörterbuch Design. Begriffliche Perspektiven des Design.

F

(31) Favier, Léo
What, you don´t know Grapus?

(07) Fineder, Martina; Eva Kraus; Andreas Pawlik
postscript. Zur Form von Schriften heute.

(70) Flusser, Vilém
Die Schrift. Hat Schreiben Zukunft?

(84) Forssman, Friedrich; Ralf de Jong
Detailtypografie

(71) Frutiger, Adrian
Der Mensch und seine Zeichen.
Schriften, Symbole, Signets, Signale

G

(43) Gerstner, Karl
Kompendium für Alphabeten – Systematik der Schrift

(64) Greif, Mark; Tobias Moorstedt
Hipster: Eine transatlantische Diskussion

(103) Godfrey, Jason
Bibliographic: 100 Classic Graphic Design Books

(32) Guerrilla Girls
Confessions of the Guerrilla Girls

(104) Godfrey, Jason
Bibliographic: 100 Classic Graphic Design Books

H

(68) Heartney, Eleanor
Kunst Basics – Postmoderne

(19) Heller, Steven
Iron Fists. Branding the 20th-Century Totalitarian State.

(25) Heller, Steven (Hrsg.)
The Education of a Graphic Designer

(81) Hochuli, Jost
Das Detail in der Typografie

(46) Hollis, Richard
Schweizer Grafik. Die Entwicklung eines internationalen Stils 1920–1965.

(67) Hornbostel, Wilhelm; Karlheinz Kopanski, Thomas Rudi
Russische Avantgarde 1910–1934.
Mit voller Kraft

J

(101) Joost, Gesche; Arne Scheuermann
Design als Rhetorik. Grundlagen, Positionen, Fallstudien

K

(48) Klanten, Robert; Nicolas Bourquin, Claudia Mareis (Hrsg.)
Altitude: Contemporary Swiss Graphic Design

(52) Koetzle, Michael
twen. Revision einer Legende

(40) Koolhaas, Rem; Bruce Mau
S, M, L, XL.

(20) Koop, Andreas
NSCI. Das visuelle Erscheinungsbild der Nationalsozialisten 1920–1945.

(47) Kunz, Willi
Typografie: Makro- und Mikroästhetik
Grundlagen zur typografischen Gestaltung.

L

(41) Lohse-Stiftung, Richard Paul (Hrsg.)
Richard Paul Lohse: Konstruktive Gebrauchsgrafik

(69) Louis, Eleonora; Toni Stooss
Die Sprache der Kunst. Die Beziehung von Bild und Text in der Kunst des 20. Jahrhunderts.

(15) Lupton, Ellen; J. Abbott Miller (Hrsg.)
Dreieck, Quadrat und Kreis. Bauhaus und Design-Theorie heute

(23) Lutz, Hans-Rudolf
Typoundso

M

(49) Mak, Geert
Die Deutschen und ihre Nachbarn: Niederlande

(38) Mau, Bruce
Life Style

(36) McCarthy, Steven
The Designer as … Author, Producer, Artist, Entrepreneuer, Curator, Collaborator New Models for Communicating

(72) McLuhan, Marshall
Die Gutenberg Galaxis: Das Ende des Buchzeitalters

(51) Middendorp, Jan
Dutch Type

(86) Müller-Brockmann, Josef
Rastersysteme für die visuelle Gestaltung. Ein Handbuch für Grafiker, Typografen und Ausstellungsgestalter.

(42) Müller, Lars (Hrsg.)
Josef Müller-Brockmann. Ein Pionier der Schweizer Grafik

O

(45) Osterer, Heidrun
Philipp Stamm (Hrsg.)
Adrian Frutiger – Schriften. Das Gesamtwerk

P

(65) Pabst, Ingeborg (Hrsg.)
Kurt Schwitters 1887–1948

(39) Pfeffer, Florian
To Do: Die neue Rolle der Gestaltung in einer veränderten Welt. Strategien, Werkzeuge, Geschäftsmodelle.

(24) Poynor, Rick
Anarchie der Zeichen. Grafik-Design von den Achtzigern bis heute.

(26) Poynor, Rick
Obey the Giant. Life in the Image World.

(57) Poynor, Rick
Typography Now Two: Implosion

(56) Poynor, Rick; Edward Booth-Clibborn
Typography Now: The Next Wave

R

(04) Ruder, Emil
Typographie. Ein Gestaltungslehrbuch.

S

(05) Sauthoff, Daniel; Gilmar Wendt; Hans Peter Willberg
Schriften erkennen

(66) Selby, Aimee (Hrsg.)
Art and Text

(13) Simons, Katrin
El Lissitzky: Proun 23 N oder der Umstieg von der Malerei zur Gestaltung als Thema der Moderne.

(78) Smeijers, Fred
Counterpunch: Making Type in the Sixteenth Century. Designing Typefaces now.

(96) Spiekermann, Erik
Über Schrift

(03) Stadt Mainz (Hrsg.)
Gutenberg. Aventur und Kunst

T

(88) Tschichold, Jan
Ausgewählte Aufsätze über Fragen der Gestalt des Buches und der Typographie

(17) Tschichold, Jan
Die neue Typographie. Ein Handbuch für zeitgemäß Schaffende.

(16) Tschichold, Jan
Elementare Typografie

(74) Türcke, Christoph
Vom Kainszeichen zum genetischen Code. Kritische Theorie der Schrift

(30) Turcotte, Bryan Ray; Christopher T. Miller
Fucked up + photocopied. Instant Art of the Punk Rock Movement.

(63) TwoPoints.Net (Hrsg.)
Pretty Ugly Visual Rebellion in Design

U

(91) Unger, Gerard
Wie man´s liest

V

(37) Van Toorn, Jan
Design's Delight: method and means of a dialogic practice

(55) VanderLans, Rudy
EMIGRE No. 70 The Look Back Issue

W

(11) Walther, Ingo F. (Hrsg.)
Kunst des 20. Jahrhunderts

(100) Watzlawick, Paul; Janet. H. Beavin, Don D. Jackson
Menschliche Kommunikation

(97) Wehde, Susanne
Typographische Kultur

(53) Weidemann, Kurt
Wo der Buchstabe das Wort führt. Ansichten über Schrift und Typographie.

(08) Weingart, Wolfgang
Weingart: Typography
Wege zur Typografie: My Way to Typography.

(80) Willberg, Hans Peter; Friedrich Forssman
Erste Hilfe in Typografie

(83) Willberg, Hans Peter; Friedrich Forssman
Lesetypografie

(90) Willberg, Hans Peter
Wegweiser Schrift. Erste Hilfe in Umgang mit Schriften, was passt – was wirkt – was stört.

(89) Wolf, Maryanne
Das lesende Gehirn. Wie der Mensch zum Lesen kam – und was es in unseren Köpfen bewirkt

(95) 100besteschriften.de
(33) culture-jamming.de
(76) designtagebuch.de
(75) fontblog.de
(93) fontshop.com
(44) Helvetica DVD.
Hustwit, Gary
(61) hort.org.uk
(94) Linkliste:
designtagebuch.de
designobserver.com
eyemagazine.co.uk
fontblog.de
form.de
novumnet.de
page-online.de
slanted.de
tgm-online.de
typografie.info
(58) meireundmeire.de
(59) strichpunkt-design.de
(35) The Yes Men Fix The World
Bichlbaum, Andy; Mike
Bonanno
(62) vier5.de

weitere Links

Typografie, Schrift allgemein

acejet170.typepad.com
aisleone.net
ci-portal.de
dailytype.com
decodeunicode.org
designinmainz.de
designmadeingermany.de
famira.com
fontfeed.com
gutenberg-intermedia.de
manystuff.org
thegridsystem.org
thinkingwithtype.com
typebase.com
typefacts.com
typemuseum.com
typeradio.org
typeworkshop.com
typolexikon.de
typophile.com
underconsideration.com

Typefoundries

boldmonday.com
canadatype.net
cape-arcona.com
devicefonts.co.uk
fonts.gestalten.com
dstype.com
dutchtypelibrary.nl
emigre.com
fontbureau.com
fontshop.com
foundrytypes.co.uk
fountaintype.com
gerardunger.com
houseind.com
klim.co.nz
lazydogs.de
letterror.com
lineto.com
linotype.com
lucasfonts.com
myfonts.com
primetype.com
processtypefoundry.com
psyops.com
stormtype.com
sudtipos.com/home
suitcasetype.com
t26.com
teff.nl
type-o-tones.com
typejockeys.com
typography.com
typotheque.com
underware.nl
urwpp.de
vllg.com
virusfonts.com
volvano-type.de

H

I

J

K

L

M

N

O

P

Q

R